未来区域电网发展战略规划

——以浙江省台州市为例

斯建东　何文其　杨　坚　林振智　编

ZHEJIANG UNIVERSITY PRESS
浙江大学出版社

图书在版编目(CIP)数据

未来区域电网发展战略规划：以浙江省台州市为例 /
斯建东等编. —杭州：浙江大学出版社，2021.9
ISBN 978-7-308-21616-6

Ⅰ.①未… Ⅱ.①斯… Ⅲ.①电网－电力工程－发展
战略－研究－浙江 Ⅳ.①TM7

中国版本图书馆 CIP 数据核字(2021)第 161948 号

未来区域电网发展战略规划
——以浙江省台州市为例

斯建东　何文其　杨　坚　林振智　编

责任编辑	伍秀芳(wxfwt@zju.edu.cn)	
责任校对	林汉枫	
封面设计	雷建军	
出版发行	浙江大学出版社	
	(杭州市天目山路 148 号　邮政编码 310007)	
	(网址：http://www.zjupress.com)	
排　　版	浙江时代出版服务有限公司	
印　　刷	广东虎彩云印刷有限公司绍兴分公司	
开　　本	710mm×1000mm　1/16	
印　　张	12	
字　　数	191 千	
版 印 次	2021 年 9 月第 1 版　2021 年 9 月第 1 次印刷	
书　　号	ISBN 978-7-308-21616-6	
定　　价	68.00 元	

编 委 会

主　　编：斯建东　　何文其　　杨　坚　　林振智

副主编：章天晗　　张　智　　高　强　　杨　莉

编　　委：朱　涛　　洪道鉴　　周晋杭　　应国德

　　　　　杨文剑　　郭俊辉　　邢飞鹏　　王　康

　　　　　周卫江　　周洪青　　陈新建　　徐　旭

　　　　　罗扬帆　　李建华　　林之岸　　刘晟源

　　　　　黄亦昕　　邱伟强　　陈昌铭　　王韵楚

　　　　　崔雪原　　吴雪妍　　邓　昕　　陈雨鸽

　　　　　刘　畅

前　言

　　新一轮能源转型和科技革命席卷全球，清洁、绿色、高效、智能正成为未来能源产业变革和发展的主旋律。电网作为能源转换利用和能源资源优化配置的重要枢纽，在承担电力输送基本任务之外，也将为综合能源和信息服务提供有力支撑。为此，国家电网公司亟须对未来电网发展政策和技术体系进行研究，明确未来电网形态特征，着力布局相关产业建设，助力区域社会经济发展，进而打造世界一流能源互联网企业。在此背景之下，本书围绕新时代、新趋势下的浙江省台州市未来电网高质量发展进行了深入的研究。

　　坚持未来电网发展问题导向和目标导向。首先对能源转型、电能替代、数字经济发展以及国网公司"电网高质量发展，世界一流能源互联网企业建设"的新时代战略目标进行剖析，总结电网发展面临的新形势；以台州电网为出发点和落脚点，对台州电网网架结构、新能源及负荷需求现状与发展趋势进行了分析；对近年来围绕能源转型、电力体制改革以及"互联网＋"技术发展的重要电力能源政策进行了重点解读，明确未来电网建设的政策导向，分析了关键能源政策对电网公司未来发展的要求及未来发展布局所带来的影响。

　　围绕台州电网未来发展需求与关键政策，总结形成未来电网"广泛互联、智能互动、灵活柔性、安全可控、开放共享"的普适性特征，在此基础上进一步提出富有台州"山海水城、和合圣地、制造之都"地区特色的未来电网高质量发展"台州模式"。按照电源结构调整、电力体制改革与电网-互联网融合发展程度，将台州未来电网演化路径划分为"雏形期"、"蜕变期"和"智融期"三个阶段，并对其在可再生能源、储能和电动汽车、海岛微电网、坚强智能电网和电力物联网、综合能源服务商业模式等多个领域的产业布局进行了梳理和探讨。

　　结合坚强智能电网与互联网"大云物移智链"等新兴技术的融合发展，构建了涵盖"源—网—荷—储"等多个环节的未来电网发展关键技术体系，并进一步提出了未来电网关键技术多层级应用。基于未来电网发展规律，构建了未来电网发展评价指标体系，同时给出指标赋权方式和评判标准，以帮助电力从业人员把握未来发展的态势，并作出及时调整。从综合能源销售、分布式能源服务，节能减排与需求响应服务以及综合能源信息服务等方面对电力市场改革背景下未来电网公司的综合能源服务商业模式进行了探究。最后，结合现有研究成果总结出台州未来电网高质量发展的建设意见。

　　本书紧扣我国未来电网发展的关键问题，兼顾理论研究和实践应用，能够帮助电网从业人员进一步了解电力行业改革及未来电网发展内涵，同时为国家电网公司各单位、各部门规划、建设和发展未来电网提供有效的理论指导和实践经验借鉴。

　　本书的编撰工作得到了"能源转型和大数据背景下台州未来电网的发展模式研究"项目、"泛在电力物联网背景下配电网关键技术与评估体系研究"项目和国网浙江省电力有限公司科技项目——"'两网融合'的城市区域多场景综合能源系统协同规划设计和商业模式研究"（项目号：5211TZ1900S5）的大力支持与资助，特此感谢！

　　由于编者水平和视野所限，书中难免有疏漏和欠妥之处，恳请读者批评指正。

目　录

1 能源转型与国网战略

能源转型源于世界范围内对解决大量使用化石能源所带来的资源紧张、环境污染、气候变化等问题的共识[1]。我国高度重视能源转型,党的十九大报告提出将推进能源生产和消费革命,构建清洁低碳、安全高效的能源体系作为加快生态文明体制改革、建设美丽中国的重点任务。在持续推进化石能源清洁利用和提高能效的基础上,大力开发利用非化石能源,特别是风电、太阳能发电等新型可再生能源已成为各国的普遍选择。分布式可再生能源与能源互联网技术的快速发展,也引发了电力,甚至是整个能源系统的深刻变革,构建新一代电力系统是实现这一重大转变的关键步骤[2]。在此背景下,国家电网公司提出"电网高质量发展,世界一流能源互联网企业建设"的战略目标,将新能源发展、能源产业优化升级、构建智慧能源互联网[3-4]作为未来电网公司的主要发展方向。除此之外,新时代、新趋势也给电力系统带来了新的发展机遇。在此背景下,浙江省台州市电网公司结合地区经济、环境以及现有网架特点,顺应时代发展的潮流,布局相关产业发展,做好未来电网的建设工作。

1.1 能源转型

化石能源的大量使用带来了资源枯竭和气候变化等问题,严重威胁到社会的持续发展,因此,寻求清洁、可持续的替代能源成为能源供应行业的历史性挑战。自 20 世纪 80 年代开始,世界各国开始推动水能、太阳能、风能、生物质能、海洋能、地热能等可再生能源以及氢能、页岩气等新能源的发展。进入 21 世纪后,新能源与可再生能源进入一个快速发展时期,并逐渐成为主力能源。可再生能源也被公认为未来能源发展的战略方向。至此，新能源革命[5]拉开了序幕。

新能源革命的重中之重是能源转型，能源转型的根本任务是构建清洁、低碳的新型能源体系。其主要目标是以可再生能源逐步替代化石能源，实现可再生能源和核能等清洁能源在一次能源生产和消费中占更大份额，最终建立可持续发展的能源系统。新能源革命是一次以技术创新为先导，以电力为核心，以构建智慧能源系统为方向，以优化能源结构、提高能源效率、促进节能降耗、共享社会资源、实现可持续发展为目标的深刻变革。大力发展新能源与可再生能源是中国建设"资源节约型社会、环境友好型社会"的重要战略和转向可持续发展的必由之路。近年来，国务院、国家能源局、国家发改委等部门也针对能源转型出台了一系列相关政策，对能源转型工作进行了宏观布局与方向指导。

电能是清洁、高效的二次能源，具有使用便捷、调节灵活、控制精确等特点。从 19 世纪后半叶到 20 世纪，电的广泛应用推动了第二次工业革命，人类社会进入生产力大解放的电气时代。21 世纪开始的新一轮能源转型，为人类社会开启了新的再电气化发展阶段。从本质上看，这一轮能源转型是一个再电气化的过程，而电力是能源转型的中心环节。同以往的化石能源占主导地位的电气化相比，这一轮再电气化进程有明显不同。在能源生产环节，体现为电能越来越多地由非化石能源转换而来，最终将主要由非化石能源特别是可再生能源转换而来。2008—2017 年，全球风电、太阳能发电装机容量年均增速分别达到 19％和 46％，中国年均增速分别达到 44％和 191％，远远高于化石能源装机容量增速。截至 2017 年年底，中国可再生能源装机 6.5 亿千瓦，占比 36.6％[6]。

中国《能源生产和消费革命战略（2016—2030）》[7]指出，到 2030 年，我国非化石能源发电量占全部发电量的比重力争达到 50％；2050 年，非化石能源消费比重超过 50％。除此之外，2019 年国家电网公司年中会议及第 24 届世界能源大会全体会议也同样指出，预计到 2050 年，我国能源发展会出现"两个 50％"，即在能源生产环节，非化石能源占一次能源的比重超过 50％；在终端消费环节，电能在终端消费中的比重超过 50％。在终端能源消费环节，电能的利用范围将得到前所未有的拓展，传统的化石能源消费市场出现明显的电能替代趋势,电力将成为支撑现代信息社会和数字经济的主要能源品种。2000 年以来,全球电能占终端能源消费比重由 15.4% 提高到目前的 19%,提升了约 4 个百分点;中国由 14.8% 提高到 23.5%,提升了约 9 个百分点。电能成为近 20 年来终端消费增长最快的能源品种,未来的美好社会必将是高度电气化的社会。

电网连接能源生产和消费是能源转换利用的重要枢纽和能源资源优化配置的基础平台,是大规模新能源电力的输送和分配网络,其重要性日益突出。能源转型的深入发展对电网的功能作用、运行方式提出了前所未有的考验。风能、太阳能等新能源具有显著的随机性、间歇性、波动性特征,大规模、高比例接入电网带来巨大调峰调频压力,电力系统平衡调节和电网安全稳定运行面临一系列新挑战[8-9]。另一方面,大量分布式电源[10]、微电网[11]、电动汽车[12]、新型交互式用能设备接入电网,兼具生产者与消费者双重身份,改变了传统的潮流从电网到用户的单向流动模式,电网运行的复杂性、不确定性显著增加。未来电网要适应能源转型带来的这种变化和要求,必须在现有基础上进行革命性升级换代。对此,台州电网公司需要对未来电网的形态特征、发展模式、演化路径有相对清晰的认识,积极结合国内当前电力能源政策,有的放矢地布局相关产业,推动电力、互联网等新技术的发展和应用,以满足未来电网安全、高效和智能运行的要求。

1.2　国网战略

电力是能源转型的中心环节,电网革命是能源转型的关键。按不同发展阶段的主要技术经济特征,电网可分为三代[13]。在世界范围内,第一代电网是二战前以小机组、低电压、孤立电网为特征的电网兴起阶段。第二代电网是二战后以大机组、超高压、互联大电网为特征的电网规模化阶段,当前正处在这一阶段。第二代电网严重依赖化石能源,大电网的安全风险难以基本消除,是不可持续的电网发展模式。未来电网是第三代电网,是对第一代、第二代电网在新能源革命条件下的传承和发展,支持大规模新能源电力,大幅降低大电网的安全风险,并广泛融合信息通信技术,是电网的可持续化、智能化发展阶段。

另一方面,随着新一轮科技革命和产业变革席卷全球,大数据、云计算、物联网、移动互联、人工智能等多种新技术不断涌现,数字经济正深刻地改变着人类的生产和生活方式,成为经济增长的新动能。"大云物移智"是新时代信息化、互联网发展的产物,新的信息技术应用正在逐步向"全场景"延伸扩展,也促进了电力行业的深刻变革[14]。2019年,国家电网有限公司提出"电网高质量发展,世界一流能源互联网企业建设"的新时代战略目标,探索如何通过推动新技术与电网生产、运营、服务进一步深度融合,为生产方式变革和服务模式创新注入新动力,丰富业务和商业模式,推动转型升级和提质增效。

建设世界一流能源互联网企业需紧密联系未来电网的构建,将建设好坚强智能电网与电力物联网作为"瞄准世界一流"的战略路径。建设"坚强智能电网"的着力点是在供给侧,支撑能源供给侧改革。通过特高压骨干网架进行电力的大规模、长距离稳定输送,解决"三北"和西南的风、光、水清洁能源消纳问题[15];通过智能配电网支撑间歇性分布式电源的有效并网,解决分布式电源协调利用困难问题[16]。以上两种方式将是我国当前乃至未来一段时间内电力资源优化配置的主要手段。建设"电力物联网"的着力点是在系统"源—网—荷—储"各环节末梢,支撑能源消费革命。通过广泛应用大数据、云计算、物联网、移动互联、人工智能、区块链、边缘计算等信息技术和智能技术,汇集各方面资源,为规划建设、生产运行、经营管理、综合服务、新业务新模式发展、企业生态环境构建等各方面提供充足有效的信息和数据支撑。

当前我国外部环境复杂严峻,经济面临下行压力,电网可持续发展受到巨大影响,能源的创新发展和转型升级也任务艰巨。随着以新能源大规模开发利用为标志的能源革命和以"大云物移智"为特征的技术革命深入发展,电网连接能源生产和能源消费的网络枢纽作用日益凸显。传统电网存在着智能化不足、管理效率低下、信息化程度低的弊端,电网企业亟须借助互联网、物联网技术的发展,不断提升自身管理水平和系统设备信息化、智能化程度,以逐步实现向能源互联网企业转型。建设好坚强智能电网与电力物联网、推动电网升级、保障电网高质量发展是解决上述问题的良好途径,也是提高系统清洁能源消纳能力、加快我国能源转型的重要方式。对此,国家电网有限公司提出了守正坚强智能电网建设运营,创新电力物联网技术体系与业务模式;担当企业社会责任,成为电力体制改革和供给侧结构性改革的先锋;提升综合能源服务水平,建设世界一流能源互联网企业等自我要求。在新形势、新时代、新发展下,建设电力物联网、坚强智能电网,推动能源互联网的整体发展是未来电网发展建设的关键举措。

1.3 电网发展面临的形势

面对上述背景与战略需求,新时代下电网发展面临的形势总结如下。

(1)社会发展新时代要求满足人民美好生活的用能需求。随着生活水平不断提高,广大人民群众的用电需求正从"用上电"向"用好电"转变,对安全用能、清洁用能和绿色用能提出了更高的要求。同时,互联网时代已来临,"互联网+"逐渐渗透到了生产生活各个领域,促使人们在能源领域越来越注重综合用能、智慧用能和互动用能[17]。

(2)经济发展新阶段要求提高能源电力供给质量与效率。当前,我国能源利用效率低,能源生产和使用过程中环境污染问题突出、生态系统退化,控制碳排放任务艰巨,经济发展面临的资源和环境约束日益趋紧。随着我国经济转向高质量发展阶段,需要依靠电力系统转型升级,提高电力供给的质量和效率。

(3)能源革命新征程要求电力系统向综合能源系统扩展。党的十八大首次提出"推动能源生产和消费革命",十九大重申"推进能源生产和消费革命",开启了新征程中的能源革命,推动新时代下的能源体系构建。传统电力系统存在自身的局限,与新时代能源体系构建、实现能源革命的要求存在较大差距,迫切需要升级换代。

(4)电力市场新格局要求电力系统发展要适应多元利益诉求。电力市场呈现主体多元、利益诉求多元的新趋势,多买—多卖电力市场格局将逐步形成[18]。电力系统的未来发展需适应多元的利益诉求,推动构建清洁低碳、安全高效的能源体系,并积极创新服务模式,推动构建和谐的政企关系、客户关系、利益相关方关系和社会公共关系。

(5)能源技术新变革正在支撑引领电力系统转型升级。能源科技创新进入高度活跃期,新兴能源技术迅速发展,推动了能源结构及用能方式变革。未来,电网将与互联网深度融合,成为具有信息化、自动化、互动化特征,功能强大、应用广泛的智能电网,将形成分布式低碳能源网络,与集中式的智能能源网(集成电、热、冷、水、气象网)结合互动,实现横向的多能互补与纵向的"源—网—荷—储—用"优化组合,提供多样化的电能服务并提高能源利用的综合效率。

综上所述,在能源转型与大数据背景下,国家电网有限公司提出的"电网高质量发展,世界一流能源互联网企业建设"战略为未来电网转型升级提供了良好契机,电网发展也迎来了新形势。围绕"绿色智慧和谐美丽的世界级现代化大湾区"的建设目标,台州在进行能源转型的同时,需要有效地对台州未来电网特征及发展趋势进行研究,进而保障电网安全、维护经营收益、提升发展质量,更好地加速台州产业升级,助力台州民营企业、海岛旅游业、渔业发展。台州要把握机遇,紧密围绕"绿色发电、先进输电、高效变电、可靠配电、智慧用电"的发展内涵与"世界一流能源互联网企业"的建设目标,研究能源转型和大数据背景下台州未来电网的发展模式,以推动具有台州特色的未来电网建设,助力台州实现能源转型与绿色发展。

参考文献

[1] 吴磊,詹红兵. 国际能源转型与中国能源革命[J]. 云南大学学报(社会科学版),2018,17(3):116-127.

[2] 周孝信,陈树勇,鲁宗相,等. 能源转型中我国新一代电力系统的技术特征[J]. 中国电机工程学报,2018,38(7):1893-1904,2205.

[3] 丁涛,牟晨璐,别朝红,等. 能源互联网及其优化运行研究现状综述[J]. 中国电机工程学报,2018,38(15):4318-4328,4632.

[4] 刘凡,别朝红,刘诗雨,等. 能源互联网市场体系设计、交易机制和关键问题[J]. 电力系统自动化,2018,42(13):108-117.

[5] 周孝信，鲁宗相，刘应梅，等.中国未来电网的发展模式和关键技术[J].中国电机工程学报，2014，34(29)：4999-5008.

[6] 国家能源局.2017年度全国可再生能源电力发展监测评价报告[EB/OL].［2020-05-16］http：//zfxxgk.nea.gov.cn/auto87/201805/t20180522_3179.html.

[7] 国家发展改革委，国家能源局.关于印发《能源生产和消费革命战略(2016—2030)》的通知[EB/OL].［2020-05-16］https://www.ndrc.gov.cn/xxgk/zcfb/tz/201704/t20170425_962953.html.

[8] 彭波，陈旭，徐乾耀，等.面向新能源消纳的电网规划方法初探[J].电网技术，2013，37(12)：3386-3391.

[9] 王耀华，焦冰琦，张富强，等.计及高比例可再生能源运行特性的中长期电力发展分析[J].电力系统自动化，2017，41(21)：9-16.

[10] 李乃永，梁军，赵义术，等.考虑分布式电源随机性的配电网保护方案[J].电力系统自动化，2011，35(19)：33-38.

[11] 米阳，李战强，吴彦伟，等.基于两级需求响应的并网微电网双层优化调度[J].电网技术，2018，42(6)：1899-1906.

[12] 胡泽春，宋永华，徐智威，等.电动汽车接入电网的影响与利用[J].中国电机工程学报，2012，32(4)：1-10,25.

[13] 梅生伟，龚媛，刘锋.三代电网演化模型及特性分析[J].中国电机工程学报，2014，34(7)：1003-1012.

[14] 李向阳，喇果彦，向英，等.大云物移智等新技术在电网应用的研究[J].电力信息与通信技术，2019，17(1)：89-93.

[15] 贾宝瑜，李旺.特高压电网可快速提升清洁能源消纳水平[J].数字化用户，2017，23(42)：36-37.

[16] 李静，沈忧，韦巍，等.基于局域重加权的智能配电网多源分布式协调优化算法[J].电力系统自动化，2016，40(21)：146-153.

[17] 何靖治.互联网＋智慧用能构建综合能源服务平台[J].中国电力企业管理，2017(16)：68-69.

[18] 王程，刘念，成敏杨，等.基于Stackelberg博弈的光伏用户群优化定价模型[J].电力系统自动化，2017，41(12)：146-153.

2 政府电力能源政策解读

台州未来电网的发展模式研究应立足于能源转型、电力体制改革与"互联网+"相关技术的有机结合,以电力体制改革推进能源转型、以能源转型发掘技术创新需求、以技术创新催化体制改革,三者环环相扣,共同作用于电网公司的未来发展。在此背景下,本书从以下三个方面对与台州未来电网发展相关的重点政策进行解读。

2.1 能源转型

能源转型,源于各国对解决化石能源大量使用带来的资源紧张、环境污染、气候变化等问题的共识。在持续推进化石能源清洁利用和提高能效的基础上,大力开发利用非化石能源,特别是风电、太阳能发电等新型可再生能源,成为各国的普遍选择[1]。从本质上看,能源转型是一个再电气化的过程。同以往的化石能源占主导地位的电气化相比,当前能源转型的再电气化进程有明显不同[2]。首先,在能源生产环节,体现为电能越来越多地由非化石能源转换而来,最终将主要由非化石能源特别是可再生能源转换而来。另一方面,在终端能源消费环节,体现为电能的利用范围前所未有的拓展,传统的化石能源消费市场出现明显的电能替代趋势,电力将成为支撑现代信息社会和数字经济的主要能源。在新能源生产等领域,革命性的转折点已经显现,分布式风电、光伏等可再生能源替代化石能源的趋势已不可阻挡,能源转型进入了一个全新的阶段。今后一个时期,围绕可再生能源不断发展的目标,面对新形势,还需要各方协调、创新,共同推动新时代能源革命的到来[3]。

自"十二五"规划以来,中国的能源系统转型已经逐渐走向正轨。为了实现能源系统转型并走向更清洁化的能源结构,中国实施了一系列的节能减排和能源系统转变的措施和政策。2016 年 11 月,国家发改委和国家能源局印发《电力发展"十三五"规划》,指出未来电力的发展必须围绕以下几个方面进行:①提升电力供应能力;②优化电源结构,一方面积极发展水电与新能源,安全地推进核电水平发展,另一方面也需促进煤电清洁有序发展;③对于电网发展,需要增强资源配置能力,加强区域内省间电网互济能力,同时升级改造配电网,推进智能电网建设;④进一步加强综合调节能力,提升系统灵活性,负荷侧、电源侧、电网侧多措并举,充分挖掘现有系统调峰能力,加大调峰电源规划建设力度,优化电力调度运行,大力提高电力需求侧响应能力。

2016 年 12 月,国家发改委和国家能源局印发《可再生能源发展"十三五"规划》《能源生产和消费革命战略(2016—2030)》,提出全面协调推进风电开发,鼓励沿海各省(区、市)和主要开发企业建设海上风电示范项目,带动海上风电产业化进程;同时推动太阳能、生物质能、地热能、海洋能等新能源的多元化利用,并加强可再生能源产业国际合作。该战略提出了"两个 50%"的政策目标,即到 2030 年,非化石能源发电量占全部发电量的比重力争达到 50%;2050 年,非化石能源消费比重超过 50%。除此之外,在 2019年国家电网公司年中会议及第 24 届世界能源大会全体会议也同样指出,预计到 2050 年,我国能源发展会出现"两个 50%",即在能源生产环节,非化石能源占一次能源的比重超过 50%;在终端消费环节,电能在终端消费中的比重超过 50%。落实到具体工作之中,结合发展现状,国家能源局于2017 年 2 月和 2018 年 3 月,分别发布《2017 年能源工作指导意见》和《2018年能源工作指导意见》,指出需要防范产能过剩,同时推进非化石能源规模化发展,推动传统化石能源的清洁开发利用并淘汰落后产能,补强能源系统短板,增强系统协调性和灵活性,提高能源系统效率,进一步深化供给侧结构改革,提高能源供给质量和效率。

随着分布式可再生风电、光伏的快速发展,我国"三北"等可再生资源丰富的地区出现了清洁能源消纳的问题。针对该问题,国家能源局于 2018 年10 月印发《清洁能源消纳行动计划(2018—2020 年)》,指出目前需要开展的重点工作为：①优化电源布局，合理控制电源开发节奏，科学调整清洁能源发展规划，有序安排清洁能源投产进度，积极促进煤电有序清洁发展；②加快电力市场化改革，发挥市场调节功能，扩大清洁能源跨省区市场交易；③加强宏观政策引导，形成有利于清洁能源消纳的体制机制，研究实施可再生能源电力配额制度，完善非水可再生能源电价政策，落实清洁能源优先发电制度；④深挖电源侧调峰潜力，全面提升电力系统调节能力，通过市场和行政手段引导燃煤自备电厂调峰消纳清洁能源，提升可再生能源功率预测水平；⑤完善电网基础设施，充分发挥电网资源配置平台作用，提升电网汇集和外送清洁能源能力，提高存量跨省区输电通道可再生能源输送比例，实施城乡配电网建设和智能化升级。

落实到浙江省，能源转型离不开控制传统化石能源的清洁利用与控制可再生能源的快速发展。2018 年 9 月，浙江省发改委印发《浙江省进一步加强能源"双控"推动高质量发展实施方案（2018—2020 年）》，针对目前能源转型发展现状，提出：①实施"四个一批"，即倒逼一批落后企业加快退出；推动淘汰一批落后产能退出；压减一批过剩产能；提升一批能效发展水平。②保障"四类用能"，即推动新旧动能转换，保障新兴产业合理用能；着力保障数字经济发展用能；切实保障四大建设用能；全力保障居民合理用能。切实将全省有限增量用能和腾出的用能空间优先安排关系国计民生的重点项目、重点工程和全省重点扶持发展的项目，配置新经济领域，助推高质量发展。③突出"四个重点"，即削减煤炭用量，重点淘汰落后用煤设备；重点减少原料（工艺）用煤；重点控制统调燃煤电厂用煤；重点压减自备电厂发电用煤。④强化"四项措施"，即控制能耗过快增长，落实新上项目能耗减量或等量替代措施；全面推进用能权有偿使用和交易试点；加快实施能效"领跑者"制度；着力发展可再生能源。2018 年年底，台州市政府进一步提出《台州市打赢蓝天保卫战三年行动计划（2018—2020 年）》，将调整能源结构、大力发展清洁能源作为台州大气污染治理的重要举措，要求电力在终端能源消费中的比例提高到 35%，清洁能源消费比例提高到 30%，坚持做到加快调整能源结构，大力发展清洁能源，提高能源利用效率。

2.2　电力体制改革

电力行业是关系国家能源安全、经济发展和社会稳定的基础产业。进一步深化电力体制改革，是贯彻落实国家全面深化改革战略部署的必然要求，是发挥市场配置资源的决定性作用、实现我国能源资源高效可靠配置的战略选择，是加快推进能源革命、构建有效竞争市场结构的客观要求[4]。

2015年3月，中共中央、国务院发布《关于进一步深化电力体制改革的若干意见》（中发〔2015〕9号）（以下称"9号文"），拉开了我国新一轮电力体制改革的序幕，提出全面实施国家能源战略、加快构建有效竞争的市场结构和市场体系、形成主要由市场决定能源价格的机制、转变政府对能源的监管方式、建立健全能源法治体系等一系列要求，明确了深化电力体制改革的重点任务，包括：

（1）有序推进电价改革，单独核定输配电价，分步实现公益性以外的发售电价格由市场形成，妥善处理电价交叉补贴；

（2）推进电力交易体制改革，完善市场化交易机制；

（3）建立相对独立的电力交易机构，形成公平规范的市场交易平台；

（4）推进发用电计划改革，更多发挥市场机制的作用；

（5）稳步推进售电侧改革，有序向社会资本放开（增量）配售电业务；

（6）开放电网公平接入，发展分布式电源，放开用户侧分布式电源市场；

（7）加强电力统筹规划和科学监管，建立健全电力行业、市场法律法规。

从9号文中可以看出，新一轮电力体制改革方案中，体制设计是基础，即要通过合理的体制设计来推动发电端和电力销售端的市场化交易；电价改革是其中的核心，即如何核定合理的输配电价以及构建市场化的销售电价，从而发挥价格和电力交易的市场化作用。因此，本轮电力体制改革可以称为是电力市场化改革。按照"管住中间、放开两头"的总体思路，在输配电价与发售电价完成形成机制分离的基础上，可以有序放开上网电价和公益性以外的销售电价，进而建立由市场决定能源价格的机制，还原电力的商品属性；通过构建长期稳定的市场交易机制、建立相对独立的电力交易机构、形成公平规范的市场交易平台,鼓励社会资本参与电力行业投资建设,有序放开(增量)配售电业务与用户侧分布式电源市场。更进一步,以市场驱动电力终端数据的价值挖掘,推动电力物联网整体建设,实现两网融合发展。由此可以看出,电力体制改革相关政策所涉及的重点内容一般包括:输配电价改革、电力市场交易、增量配电业务放开和分布式电源发展等。

2.2.1　输配电价改革

9号文提出将电价划分为上网电价、输电电价、配电电价和终端销售电价。上网电价由国家制定的容量电价和市场竞价产生的电量电价组成,输配电价由政府确定定价原则,销售电价以上述电价为基础构成,建立与上网电价联动的机制[5]。政府按效率原则、激励机制和吸引投资的要求,考虑社会承受能力,对各个环节的价格进行调控和监管。实行输配电价改革,将输配电价从形成机制上与发、售电分开,有利于理顺电价形成机制,促使电力回归市场属性,进而构建合理的电力价格体系,推动电力市场的建设。

对此,2015 年 4 月,国家发改委、国家能源局印发《关于贯彻中发〔2015〕9 号文件精神加快推进输配电价改革的通知》,提出扩大输配电价改革试点范围,在深圳市、内蒙古西部率先开展输配电价改革试点的基础上,将安徽、湖北、宁夏、云南、贵州等省(区)列入先期输配电价改革试点范围,按"准许成本加合理收益"原则核定电网企业准许总收入和输配电价,并在其他省(区)同步开展输配电价摸底测算工作。

2015 年 11 月,国家发改委、国家能源局印发《关于推进输配电价改革的实施意见》。作为 9 号文的六个配套文件之一,《关于推进输配电价改革的实施意见》在"部分试点先行、其他摸底测算"等输配电价改革措施基础上,进一步提出分类推进交叉补贴改革,逐步减少工商业内部交叉补贴,妥善处理居民、农业用户交叉补贴;明确过渡时期电力直接交易的输配电价政策,对已制定输配电价的地区,电力直接交易按照核定的输配电价执行;暂未单独核定输配电价的地区,可采取保持电网购销差价不变的方式执行。

2016 年 3 月 14 日,国家发改委印发《关于扩大输配电价改革试点范围有关事项的通知》,将北京、天津、冀南、冀北、山西、陕西、江西、湖南、四川、重庆、广东、广西等 12 个省级电网和经国家发改委、国家能源局审核批复的电力体制改革综合试点省份的电网,以及华北区域电网纳入输配电价改革试点范围;同年 11 月,印发《关于全面推进输配电价改革试点有关事项的通知》,提出 2016 年 9 月在蒙东、辽宁、吉林、黑龙江、上海、江苏、浙江、福建、山东、河南、海南、甘肃、青海、新疆等 14 个省级电网启动输配电价改革试点;2017 年在西藏电网以及华东、华中、东北、西北等区域电网开展输配电价改革试点。

2016 年 12 月,国家发改委、国家能源局印发《省级电网输配电价定价办法(试行)》,标志着输配电价改革由试点阶段进入了全面推广阶段。《省级电网输配电价定价办法(试行)》规定了省级电网输配电准许收入的计算方法(准许收入＝准许成本＋准许收益＋价内税金),并对准许成本、准许收益和价内税金的计算进行了核定;在此基础上,提出输配电价的计算方法,并通过制定输配电价调整机制赋予不同地区电网公司合理的自主调节权,使得定价机制具有较强的实际可操作性。

2017 年 8 月,国家发改委发布《关于全面推进跨省跨区和区域电网输电价格改革工作的通知》,在省级电网输配电价改革实现全覆盖的基础上,开展跨省跨区输电价格核定工作,促进跨省跨区电力市场交易。同年 12 月,国家发改委制定并印发了《区域电网输电价格定价办法(试行)》《跨省跨区专项工程输电价格定价办法(试行)》和《关于制定地方电网和增量配电网配电价格的指导意见》,规范了配电定价机制与电力用户用电价格的计算方法,进一步完善了输配电定价体系。

整体来看,我国输配电价改革采用"先试点后推广"的模式,从 9 号文等一系列文件的指导意见出发,设立并逐步推广输配电价改革试点,先后确立了省级输配电定价方法、跨省跨区输电价格核定机制、地方电网和增量配电网配电价格的计算方法,逐步完善了输配电定价体系,确保了输配电价改革的平稳进行。

2.2.2 电力市场建设

从 9 号文提出的近期推进电力体制改革的重点任务来看,电力市场交

易是本轮电力体制改革的重中之重,主要包括以下四方面内容:

(1)完善市场化交易机制:规范市场主体准入标准,引导市场主体开展多方直接交易,建立长期稳定的交易机制、辅助服务分担共享新机制、跨省跨区电力交易机制。

(2)建立相对独立的电力交易机构,形成公平规范的市场交易平台:遵循市场经济规律和电力技术特性定位电网企业功能,改革和规范电网企业运营模式,组建和规范运行电力交易机构并完善其的市场功能。

(3)推进发用电计划改革:有序缩减发用电计划,完善政府公益性调节性服务功能,进一步提升以需求侧管理为主的供需平衡保障水平。

(4)稳步推进售电侧改革,有序向社会资本放开售电业务:逐步向符合条件的市场主体放开增量配电投资业务,鼓励以混合所有制方式发展配电业务;建立市场主体准入和退出机制,多途径培育市场主体,鼓励供水、供气、供热等公共服务行业和节能服务公司从事售电业务,鼓励售电主体创新服务,向用户提供包括合同能源管理、综合节能和用能咨询等增值服务。

从上述电力市场改革的四方面重点任务的逻辑关系来看,电力市场化改革须首先完善市场化的交易机制,明确市场交易规则,并构建相对独立的电力交易机构负责电力市场运营。在此基础上,按照"管住中间,放开两头"的总体思路,推进发用电计划改革,以市场交易确定发电电量、多途径培育市场主体;引导社会资本投资配电业务,并鼓励售电主体向用户提供包括合同能源管理、综合节能和用能咨询等增值服务。

2015 年 11 月,国家发改委、国家能源局印发 9 号文配套文件《关于推进电力市场建设的实施意见》《关于电力交易机构组建和规范运行的实施意见》《关于有序放开发用电计划的实施意见》《关于推进售电侧改革的实施意见》。其中,《关于推进电力市场建设的实施意见》作为规划性的文件,提出了电力市场建设的总体要求和实施路径,将电力市场划分为"中长期市场"和"现货市场";提出了电力市场建设的基本任务,即 9 个"建立":建立相对独立的电力交易机构、电力市场交易技术支持系统、优先购/发电制度、中长期交易机制、跨省跨区交易机制、现货交易机制、辅助服务交易机制、可再生能源市场机制、市场风险防范机制。《关于电力交易机构组建和规范运行的实施意见》规范了电力市场交易机构的职能定位、组织形式、体系框架以及与调度机构的关系,并提出了电力交易平台的功能要求。《关于有序放开发用电计划的实施意见》的总体思路是通过建立优先购电制度保障无议价能力的用户用电,通过建立优先发电制度保障清洁能源发电、调节性电源发电优先上网,通过直接交易、电力市场等市场化交易方式,逐步放开其他的发用电计划。在保证电力供需平衡、保障社会秩序的前提下,实现电力电量平衡从以计划手段为主平稳过渡到以市场手段为主,并促进节能减排。《关于推进售电侧改革的实施意见》则初步提出了电网企业、售电公司、电力用户的业务定位、市场主体的准入/退出条件、市场交易组织方式以及市场的风险防范机制,为售电侧改革提供了相关指导,为开放电力市场奠定了政策基础。

此外,2015年5月,国家发改委发布《关于完善跨省跨区电能交易价格形成机制有关问题的通知》,推进跨省跨区电力市场化交易,鼓励送受电双方建立长期、稳定的电量交易和价格调整机制,并以中长期合同形式予以明确。同年11月,国家发改委、国家能源局发布《关于同意重庆市、广东省开展售电侧改革试点的复函》,开启售电侧改革试点,同时要求试点工作坚持三条原则:①坚持市场定价的原则,避免采取行政命令等违背改革方向的办法,人为降低电价;②坚持平等竞争的原则,发电企业通过投资建设专用线路等形式向用户直接供电的,应当按规定承担国家依法合规设立的政府性基金,以及与产业政策相符合的政策性交叉补贴和系统备用费;③坚持节能减排的原则,对按规定应实行差别电价和惩罚性电价的企业,不得借机变相对其提供优惠电价和电费补贴。

2016年3月,国家能源局发布《关于做好电力市场建设有关工作的通知(征求意见稿)》,提出:①加快推进电力市场建设试点工作,全面推进中长期市场建设,放宽市场准入条件、扩大直接交易电量规模、建立市场化的电力电量平衡机制;②深化辅助服务交易机制,建立电力用户参与的辅助服务分担共享机制,现货市场试点开展包括备用、调频等辅助服务交易,非现货试点地区进一步完善"两个细则"。同年12月,国家发改委、国家能源局印发《电力中长期交易基本规则(暂行)》,用于指导各地区开展年、月、周等日以上电力直接交易、跨省跨区交易、合同电量转让交易。

2017年8月,国家发改委、国家能源局印发《关于开展电力现货市场建设试点工作的通知》,选择南方(以广东起步)、蒙西、浙江、山西、山东、福建、四川、甘肃等 8 个地区作为第一批试点,加快组织推动电力现货市场建设工作。要求试点地区围绕形成日内分时电价机制,在明确现货市场优化目标的基础上,建立安全约束下的现货市场出清机制和阻塞管理机制。组织市场主体开展日前、日内、实时电能量交易,实现调度运行和市场交易有机衔接,促进电力系统安全运行、市场有效运行,形成体现时间和位置特性的电能量商品价格,为市场主体提供反映市场供需和生产成本的价格信号。

2018 年 11 月,国家发改委、国家能源局组织编制并发布《电力市场运营系统现货交易功能指南(适用于分散式电力市场)》(试行)、《电力市场运营系统现货交易功能指南(适用于集中式电力市场)》(试行)、《电力市场运营系统现货结算功能指南》(试行),要求第一批 8 个现货试点地区参照功能指南,结合实际,制定电力市场运营系统现货交易和现货结算具体功能要求和系统建设方案;对条件较成熟的非现货试点地区,可结合实际,参照功能指南,研究推动相关工作。

2019 年 7 月,国家发改委、国家能源局印发《关于深化电力现货市场建设试点工作的意见》,在第一批 8 个现货试点建设经验的基础上,提出电力现货市场建设的指导意见,重点包括:明确电力市场模式选择、市场组成(日前、日内、实时)、市场主体范围(涵盖增量配网试点项目);统筹协调电力现货市场衔接机制,如省间/省内交易、中长期交易与现货市场、辅助服务市场与现货市场等多重关系;建立健全电力现货市场运营机制,包括用电侧和清洁能源消纳参与现货市场的机制、现货市场价格形成机制;规范建设电力现货市场运营平台;建立完善电力现货市场配套机制,包括建立与现货市场衔接的用电侧电价调整机制、完善与现货市场配套的输配电价机制等。

从我国电力市场发展历程来看,通常采用"先试点后推广"的发展模式。根据国家发改委、国家能源局一系列文件的要求,首先进行售电侧改革试点的建设,在此过程中逐步完善电力中长期交易、辅助服务交易、跨省跨区交易机制;随着电力中长期交易市场的逐步建立,开启电力现货市场试点建设,同步建立配套的电力市场交易技术支持系统,并根据电力现货试点的实际建设经验逐步完善电力现货市场的建设模式,取得了较好的成效。当前,包括浙江在内的第一批 8 个现货市场试点已经全部启动模拟试运行。

从国内各电力市场化改革历程来看,浙江始终走在电力市场建设前列。2014 年,浙江经信委、浙江物价局、浙江能监办即发布《浙江省电力用户与发电企业直接交易试点实施方案(试行)》,明确了浙江省电力直接交易试点的基本原则、市场准入条件、交易电量规模、交易组织方式、市场交易定价、市场交易结算流程。其后,浙江省不断扩大电力直接交易范围,现已将省外来电、增量配网企业纳入直接交易试点;对钢铁、煤炭、有色、建材等 4 个行业 10 kV 及以上电压等级电力用户实行全电量参与交易,其他行业参与直接交易的放开比例已达 80%。浙江省电力直接交易试点方案变化具体如表 2-1 所示。

表 2-1 浙江省电力直接交易规则变化一览

电力直接交易规则	内容对比
《浙江省电力用户与发电企业直接交易试点实施方案(试行)》(2014)	110 kV 及以上电力用户准入;用户市场电量不超过上年 50%、发电企业不超过 30%;采用自主协商交易
《浙江省电力用户与发电企业直接交易扩大试点工作方案》(2015)	35 kV 以上电力用户准入;集中单一报价竞价交易,按边际价格统一出清
《2016 年度浙江省进一步扩大电力直接交易试点工作方案》	外来电参与省内电力直接交易
《2017 年度浙江省电力直接交易试点工作方案》	进一步扩大外来电范围;建立优先发电权制度;发电侧采用六段报价
《2018 年度浙江省电力直接交易试点工作方案》	增量配网企业,可代表其供电营业区内符合条件的用户参与直接交易;第一、二类工商业用户市场电量放开比例达 75%
《2019 年度浙江省电力直接交易试点工作方案》	部分行业 10 kV 及以上电力用户实行全电量参与交易;其他用户市场电量放开比例为 80%

此外,2017 年 9 月,浙江省人民政府发布《浙江省电力体制改革综合试点方案》,指出改革的任务包括确立适合浙江的电力市场模式,培育多元化市场主体,建立以电力现货市场为主体、电力金融市场为补充的省级电力市场体系,提出了电力市场建设的"三步走"发展战略:①到 2019 年,完成输配电价核定,设立相对独立的电力交易机构,确定浙江电力市场模式,有序放开发用电计划,引入售电侧竞争,电力市场体系初步建立,力争在 2019 年上

半年实现浙江初期电力市场试运行(已实现)。②到2022年,优化现货市场交易机制,提高市场出清价格灵敏度;逐步扩大市场范围,促进市场主体多元化;有序放开零售市场竞争,建立需求侧和可再生能源市场参与机制;丰富合约市场交易品种,完善市场风险防控体系,基本形成较为完备的电力市场体系,逐步过渡到浙江中期电力市场。③2022年以后,开展电力期权等衍生品交易,建立健全电力金融市场体系;完善需求侧参与机制,促进供需平衡和节能减排;探索建立容量市场,科学引导电源投资,形成成熟的电力市场体系,建成浙江目标电力市场。

2019年3月,浙江省发改委发布《浙江省部分行业放开中长期售电市场交易基本规则》,用于指导浙江电力现货市场启动运行前的售电市场直接交易,对市场成员的权利与义务、市场准入条件、交易方式、交易价格、交易组织、计量结算、信息披露等内容进行了规范。

2.2.3　增量配网放开

2015年3月,中共中央、国务院印发《关于进一步深化电力体制改革的若干意见》,要求有序放开售电业务,多途径培育售电侧市场竞争主体,并鼓励社会资本进入增量配电网投资领域,使得增量配网与售电公司成为新一轮电力体制改革的核心环节。

2016年10月,国家发改委、国家能源局印发《有序放开配电网业务管理办法》,提出第一批增量配电网投资业务放开试点项目。随着电力体制改革的不断深入,增量配电网业务试点范围不断扩大,在全国范围内分4批总计批复了404个试点,基本实现地级以上城市全覆盖。总体来看,增量配电业务放开的顶层设计已经完成,正进入实施操作阶段。从增量配网试点项目类型来看,工业园区、产业园区、经济技术开发区、高新技术开发区的局域电网为放开增量配电网业务的主要对象,混合所有制配售电公司已为增量配网投资业务的主要模式。

浙江现有以宁波经济技术开发区为代表的8个增量配电业务试点项目。2018年12月,浙江省物价局发布《关于增量配电网配电价格有关事项的通知》,对浙江省增量配电网配电价格实行政府最高限价管理,放开增量配电网区域内除居民、农业、重要公用事业、公益性服务等以外的销售电价。

作为电力体制改革的关键环节,增量配电业务放开,有助于鼓励和吸引社会资本参与配电网投资建设,对提高配电网发展速度有积极的促进作用,现有配、售电市场格局乃至终端能源生产消费模式或将发生深刻变革。而对电网公司,随着增量配电业务放开,新增配电业务的投资、建设、运营等权益将面临来自其他市场主体的竞争,用户、园区等其他主体以往投资控股并移交电网企业运营的存量资产将视为增量配电业务并要求放开,对电网企业在配电领域的市场地位形成挑战。增量配电网区域多为经济技术开发区、工业园区,属于优质资源,从试点省份的电改情况看,高新产业园区或经济技术开发区等优质用户集群更易形成配售电公司,电网公司原有的潜在优质客户群受到新增配售电公司的抢占,整体收益将会下降;另一方面,多元配电主体进入市场,在建设运营标准、质量参差不齐的情况下,也有可能影响上级电网的调度和安全运营。

2.2.4 分布式电源发展

根据 9 号文的相关要求,将建立分布式电源发展新机制作为电力体制改革的重点任务予以实行,主要包括:

(1)积极发展分布式电源,采用"自发自用、余量上网、电网调节"的运营模式,在确保安全的前提下,积极发展融合先进储能技术、信息技术的微电网和智能电网技术,提高系统消纳能力和能源利用效率。

(2)完善并网运行服务。加快修订和完善并网技术标准、工程规范和相关管理办法,支持新能源、可再生能源与其他电源、电网的有效衔接。

(3)全面放开用户侧分布式电源市场,支持企业、机构、社区和家庭根据各自条件,因地制宜投资建设太阳能、风能、生物质能发电以及燃气"热电冷"联产等各类分布式电源,准许接入各电压等级的配电网络和终端用电系统。

2017 年 6 月,国家电网公司发布《关于促进分布式电源并网管理工作的意见(修订版)》,明确分布式电源并网全过程管理的职责分工、流程衔接和工作要求。同年 10 月,国家发改委、国家能源局发布《关于开展分布式发电市场化交易试点的通知》,正式启动分布式发电市场化交易试点建设。《通知》指出,分布式发电项目可采取多能互补方式建设,鼓励分布式发电项目安装储能设施,提升供电灵活性和稳定性。电网企业(含社会资本投资增量配电网的企业)承担分布式发电的电力输送并配合有关电力交易机构组织分布式发电市场化交易,按政府核定的标准收取"过网费"。

2018年3月,国家能源局发布《分布式发电管理办法(征求意见稿)》,对分布式发电接入配电网运行事宜进行了规范,提出装机容量5万千瓦及以下的小水电站、风光等新能源发电、分布式储能等6类分布式发电方式应因地制宜地接入配电网,实现可再生能源的消纳和对化石能源的替代。分布式发电在投资、设计、建设和运营等各个环节均需实行开放、公平的市场竞争机制。分布式发电具有良好的前景,电网公司须提前布局分布式发电业务,设计考虑分布式发电的配电网调度机制,并参与制定分布式发电市场交易机制。此外,考虑到增量配电业务的放开,分布式发电作为增量配电网的内部自有电源,也使得电网公司需与增量配电网运营商就配电网统一调度、信息披露等一系列问题进行更深入的讨论。

2.3　"互联网＋"应用

"互联网＋"是把互联网的创新成果与经济社会各领域深度融合,推动技术进步、效率提升和组织变革,提升实体经济创新力和生产力,形成更广泛的以互联网为基础设施和创新要素的经济社会发展新形态。

在全球新一轮科技革命和产业变革中,互联网与各领域的融合发展具有广阔前景和无限潜力,已成为不可阻挡的时代潮流,正对各国经济社会发展产生着战略性和全局性的影响。近些年来,中国电力行业在互联网技术、产业、应用以及跨界融合方面取得了积极的进展,在能源转型以及大数据的背景下,未来电网的发展离不开大数据、云计算、移动互联网、物联网与人工智能等互联网信息技术。电力产业与互联网融合,形成的"互联网＋"智慧能源(能源互联网)、"互联网＋"新能源等相关内容都将是未来电网发展的重点。因此,在能源转型与大数据背景下,台州未来电网的发展必定是与互联网技术以及"互联网＋"相辅相成的[6]。打造智慧能源互联网、建设"互联网＋"智慧城市将是台州未来发展的重点方向。

2.3.1　能源互联网

"互联网＋"智慧能源(即能源互联网)是互联网技术与能源结合构成的新形式,其对未来电力工业体系的形成具有重大的作用,能够保证分布式可再生电源和电动汽车的大规模接入,实现各类型分布式可再生电源、储能设备以及可控负荷之间的协调优化控制,促进电动汽车大规模接入。除此之外,还能够提高需求侧管理的精细化和用户用电的个性化水平,推动广域内电力资源的协调互补和优化配置[7]。2015 年 6 月,国家能源局印发的《能源互联网行动计划大纲》指出,推进我国能源互联网的建设与发展,需要首先进行统筹规划与顶层设计,结合我国国情以及能源分布特点,明确我国能源互联网发展思路以及整体结构框架,针对我国实际能源分布特点、用能情况以及社会经济条件,建立适合我国的能源互联网络体系。其次,集中研究能源互联网中关键技术问题。集中研究信息交互技术、智能电网控制和调度技术以及分布式电源协同控制技术等先进关键技术,给能源互联网建设提供更为有力的技术支撑和储备,提高我国支撑能源互联网发展的相关技术创新能力。对电力行业,即是将互联网技术与电力系统进行深入融合,构建以坚强智能电网与电力物联网为主干的能源互联网体系,合理利用大云物移等互联网技术和 5G 通信技术,实现电力系统发输配用各阶段的互联互通,以适应未来能源转型的需要。其中,智能电网是未来实现能源互联的重要物理支撑之一,利用其先进的信息通信、电力电子以及自动控制技术对规模化接入分布式能源的配电网实施主动管理,能够实现对新能源分布式发电与储能装置等单元协调控制和网络快速重构,从而达到积极消纳可再生能源并确保网络的安全经济运行的效果。

2015 年 7 月,国务院印发《国务院关于积极推进"互联网＋"行动的指导意见》;次年 2 月,国家发改委、国家能源局、工信部印发《关于推进"互联网＋"智慧能源发展的指导意见》,从"源、网、荷、储、市场"等多个角度对未来能源互联网建设方向进行了具体的部署:

（1）推进能源生产智能化。推动可再生能源生产智能化、化石能源生产清洁高效智能化，建立能源生产运行的监测、管理和调度信息公共服务网络，加强能源产业链上下游企业的信息对接和生产消费智能化，以支撑电厂和电网协调运行，促进非化石能源与化石能源协同发电。鼓励能源企业运用大数据技术对设备状态、电能负载等数据进行分析挖掘与预测，开展精准调度、故障判断和预测性维护，提高能源利用效率和安全稳定运行水平。

（2）建设分布式能源网络。建设以太阳能、风能等可再生能源为主体的多能源协调互补的能源互联网。突破分布式发电、储能、智能微网、主动配电网等关键技术，构建智能化电力运行监测、管理技术平台，使电力设备和用电终端基于互联网进行双向通信和智能调控，实现分布式电源的及时有效接入，逐步建成开放共享的能源网络。

（3）探寻储能与负荷发展新模式。发展储能网络化管理运营模式，发展车网协同的智能充放电模式，发展"新能源＋电动汽车"运行新模式；培育用户侧智慧用能新模式，构建用户自主的能源服务新模式，拓展智慧用能增值服务新模式。

（4）探索能源消费新模式。开展绿色电力交易服务区域试点，推进以智能电网为配送平台，以电子商务为交易平台，融合集储能设施、物联网、智能用电设施等硬件以及碳交易、互联网金融等衍生服务于一体的绿色能源网络发展，实现绿色电力的点到点交易及实时配送和补贴结算。进一步加强能源生产和消费协调匹配，推进电动汽车、港口岸电等电能替代技术的应用，推广电力需求侧管理，提高能源利用效率。基于分布式能源网络，发展用户端智能化用能、能源共享经济和能源自由交易，促进能源消费生态体系建设。培育绿色能源灵活交易市场模式，建设基于互联网的绿色能源灵活交易平台，构建可再生能源实时补贴机制，发展绿色能源的证书交易体系。

（5）发展基于电网的通信设施和新型业务。推进电力光纤到户工程，完善能源互联网信息通信系统。统筹部署电网和通信网深度融合的网络基础设施，实现同缆传输、共建共享，避免重复建设。促进智能终端及接入设施的普及应用，加强支撑能源互联网的信息通信设施建设，推进信息系统与物理系统的高效集成与智能化调控，加强信息通信安全保障能力建设。鼓励依托智能电网发展家庭能效管理等新型业务。

2016年11月,国家能源局印发《能源发展"十三五"规划》;同年9月,浙江省人民政府办公厅印发《浙江省能源发展"十三五"规划》,就能源互联网建设的体系与技术方面进行了细化。文件指出,智能电网、智能微网、电动汽车以及大规模储能等各种技术的发展,推动着分布式能源广泛利用。分布式能源网络让每个主体都参与能源系统的调节,每个主体既是消费者、用户,也是能源的生产者,形成一个包括生产消费输送各个环节可以完全互动的领域,形成互相包容的能源系统,从而实现能源的增值服务。加快推进能源全领域、全环节智慧化发展,实施能源生产和设施智能化改造,推进能源监测、能量计量、调度运行和管理智能化体系建设,提高能源发展可持续自适应能力。加快智能电网发展,积极推进智能变电站、智能调度系统建设,扩大智能电表等智能计量设施、智能信息系统、智能用能设施应用范围,提高电网与发电侧、需求侧交互响应能力。推进能源与信息、材料、生物等领域新技术深度融合,统筹能源与通信、交通等基础设施建设,构建能源生产、输送、使用和储能体系协调发展、集成互补的能源互联网。

浙江省已经把"互联网+"与互联网技术作为现在及未来的发展重点之一,深入贯彻国务院与国家能源局的发展指导意见,将"互联网+"与互联网技术相融合作为未来电网发展的新手段与新常态。提出要加快推进"互联网+"智慧能源行动计划,探索城市能源互联网试点,逐步实现"源—网—荷—储—用"系统协调优化。通过大数据、云计算等互联网技术运用,率先探索智慧能源管理平台、智慧能源监测中心、智能电网综合建设工程。依托海岛微电网示范项目和分布式能源示范项目,通过集成新能源、新材料、新设备,融合信息、控制、传感、储能等新技术,积极探索能源生产、传输、消费的智能化、信息化、互动化,实现能源智慧互联、系统优化、效能提升。

随着国家电网公司"电网高质量发展,世界一流能源互联网企业建设"战略目标的提出,能源互联网的长期发展需更进一步。2019年1月,国家电网有限公司印发《关于新时代改革"再出发"加快建设世界一流能源互联网企业的意见》;国网公司"两会"做出加快打造具有全球竞争力的世界一流能源互联网企业的战略部署;同年3月,国家电网召开电力物联网建设工作部署会议,对建设电力物联网做出全面部署安排;同年5月,国家标准化管理委员会、国家能源局印发《关于加强能源互联网标准化工作的指导意见》。

上述政策与会议都从宏观层面对能源互联网的建设提出新的意见,指出要创新能源互联网业态,扩大开放合作共享,打造能源互联网生态圈,坚定推进电力改革,发挥市场配置资源决定性作用,变革管理体制机制,努力增强企业内生动力,优化经营管理策略,推动质量效益型发展,深化三项制度改革,创新国际业务发展方式,推动国际化再上新台阶。未来也要着重开展能源互联网标准化工作,完成能源互联网标准化工作路线图和标准体系框架建设,形成能够支撑能源互联网产业发展和应用需要的标准体系,以促进能源互联网技术进步和产业健康发展,构建新型能源体系。除此之外,着重提出了电力物联网的概念。电力物联网是能源互联网在电力行业的具体应用,是围绕电力系统各环节,充分应用移动互联、人工智能等现代信息技术、先进通信技术,实现电力系统各环节万物互联、人机交互,具有状态全面感知、信息高效处理、应用便捷灵活特征的智慧服务系统。它通过广泛应用大数据、云计算、物联网、移动互联、人工智能、区块链、边缘计算等信息技术和智能技术,汇集各方面资源,为规划建设、生产运行、经营管理、综合服务、新业务新模式发展、企业生态环境构建等各方面,提供充足有效的信息和数据支撑。最后指出,坚强智能电网和电力物联网,二者相辅相成、融合发展,形成强大的价值创造平台,共同构成能源流、业务流、数据流"三流合一"的能源互联网,电力物联网建设是推动一流能源互联网建设的关键。

作为浙江沿海的区域性中心城市和现代化港口城市,台州未来电网建设应紧密联系上述相关内容,从宏观体系架构出发,具体到"源、网、荷、储、市场"等方面,建设好"互联网+"智慧能源与电力物联网,全面广泛地运用互联网技术,推进未来电网建设,并以此为基础打造"互联网+"智慧城市。

2.3.2 "互联网+"智慧城市

2014 年 8 月,国家发改委印发《关于促进智慧城市健康发展的指导意见》,指出智慧城市是运用物联网、云计算、大数据、空间地理信息集成等新一代信息技术,促进城市规划、建设、管理和服务智能化的新理念和新模式。2016 年 11 月,台州市椒江区人民政府印发《椒江区"十三五"智慧城市发展规划》。该规划的指导思想中提到要抓住"互联网+"应用,并把全面发展

"互联网＋"产业作为重点发展任务,把"互联网＋"作为促进各行各业、国民经济发展的重要成分。椒江区顺应时代潮流,紧跟时代前沿技术,将互联网技术运用到实体经济、城市建设、电网等各大领域,大力对"互联网＋"产业进行投资建设。规划中也同样指出了要以此打造智慧能源、智能电网,并将物联网与之相结合,壮大物联网产业,发展智能物联网。台州市其他各区、县应以椒江区为典范,进行相关产业开发与相关技术学习;以椒江区为模范,制定相应规划,为"互联网＋"发展、为能源互联网发展给予政策上的支持,以带动各方资本的投入,推动台州地区国民经济的进步。

2.4 政策总结

在能源转型、电力体制改革及互联网技术发展的大背景下,国务院、国家能源局、国家发改委、浙江省经信委等部门针对能源转型、电力市场化改革、能源互联网以及智慧城市建设等关键问题出台了一系列政策,对未来电网公司的发展布局产生了一定影响,主要包括:

(1)能源结构改革,用非化石能源逐步替代化石能源,发展清洁低碳的风能、太阳能、潮汐能、地热能等可再生能源,实现能源系统转型并走向更清洁化的能源结构。改革中会出现清洁能源消纳、产能过剩等问题,给电力能源发展带来约束。

(2)随着输配电价改革不断深入,电网公司的盈利模式由购售电价差变为"准许成本加合理收益",预期收入减少,建设电网基础设施的积极性可能减弱,亟须探索新的盈利模式。

(3)增量配电业务放开,新增配电业务的投资、建设、运营等权益将面临来自其他市场主体的竞争,用户、园区等其他主体以往投资控股并移交电网企业运营的存量资产将视为增量配电业务并要求放开,对电网企业在配电领域的市场地位形成挑战,而多元配电主体进入市场,在建设运营标准、质量参差不齐的情况下,有可能影响上级电网的调度和安全运营。

(4)"互联网＋"技术运用,给电网发展带来新的机遇,建设世界一流的能源互联网成了重要的建设目标与发展方向,而能源互联网的发展离不开配套技术与设施的进步，相关新兴产业的优化升级是最基本的要求，关键技术的落后可能会直接影响到能源互联网与电力物联网的建设。

为了更好地应对上述问题对电网企业造成的冲击，台州未来电网的发展应对以下几个方面进行重点布局：

（1）大力发展清洁能源。发展清洁低碳的风能、太阳能、潮汐能等可再生能源发电技术，提高可再生能源渗透率，是我国能源结构调整在电力行业的重要体现，也是未来电网的重要发展方向。台州地处浙江沿海，风、光等自然资源丰富，具有发展分布式可再生能源的先天优势，应重点布局清洁能源发展，包括但不限于：①积极发展水电，统筹开发外送，坚持做到开发与市场消纳相结合，并强化政策措施，新建项目应提前落实市场空间，防止弃水现象发生；②大力发展海上风电，以玉环海上风电项目为示范，大力推进海上风电建设，响应国家政策，带动海上风电产业化进程；③全面推进光伏建设，重点发展屋顶分布式光伏发电系统；④安全发展核电，推进核电建设，加大自主核电示范工程建设力度，建成三门自主依托项目，认真做好核电厂址资源保护工作。另一方面，随着电力市场化改革的不断深入，台州也应出台与之相适应的分布式电源市场化政策，通过经济手段促进可再生发电"余量上网"。

（2）推进化石能源清洁利用。化石能源目前仍占据重要地位，在能源转型过程中，推进化石能源的清洁利用具有重要意义。为推进煤电高效、清洁、可持续发展，需要：①严格控制煤电规划建设，通过建立风险预警机制和实施"取消一批、缓核一批、缓建一批"，多措并举减少新增煤电规模；②合理控制煤电基地建设，根据受端供需装看合理安排开发规模和建设时序；③因地制宜规划建设热电联产和低热值煤电发电项目；④加大能耗高、污染重煤电机组改造和淘汰力度，推进煤电转型升级。

（3）重新定位企业职能，发展综合能源服务。随着电力市场输配电价改革的深入，电网公司需要积极探索新的盈利模式。在电力物联网背景下，综合能源服务将会成为重要的商业领域。实际上，9号文也曾提出"鼓励售电主体创新服务，向用户提供包括合同能源管理、综合节能和用能咨询等增值服务"。在此背景下，台州未来电网应着重结合台州地区经济、环境发展特色，开拓综合能源服务新业务，合理利用政策支持，通过深度挖掘客户资源价值,打造新的利润增长点,提升市场竞争力;在此基础上推动具有台州特色的能源互联网综合示范工程建设,探索台州电网公司向能源互联网企业转型的发展模式。

(4)探索增量配电网业务。随着新一轮电力体制改革的深入推进,增量配电投资业务正加速放开,电网企业面临新的挑战和冲击。台州电网应积极作为,主动适应市场化改革趋势,对内加强管理水平,对外提升服务质量,增强市场竞争意识和服务意识,以优质服务维护既有客户,拓展增量客户;加强合作和分享意识,基于台州民营经济发展,积极与潜在相关方合作,探索以混合所有制、公私合营等合资模式参与增量配电业务,降低投资风险。

(5)布局电动汽车与储能。推进绿色交通建设,推广电动汽车及其配套设施建设,优化车船能源消费结构是台州未来城市发展的重点布局。对未来电网,考虑到电动汽车充电行为的随机性,大量电动汽车接入会给电力系统运行与控制带来显著的不确定性;另一方面,入网电动汽车也可以作储能装置使用,从而减轻风、光等可再生能源的间歇性对电力系统运行的影响。储能技术是能源互联网、分布式发电等发展必不可少的支撑技术之一,在电网合适位置建设一定容量的储能装置,能够削峰填谷、提升电网安全性和稳定性。9号文也提出"在确保安全的前提下,积极发展融合先进储能技术、信息技术的微电网和智能电网技术,提高系统消纳能力和能源利用效率"。从系统运营者角度,考虑台州风、光等分布式电源发展,台州电网公司应着手布局储能设备建设,以保障台州未来电力系统的平稳运营,提高分布式可再生能源的消纳水平;从综合能源服务角度,台州电网公司也可建立区域分布式电源—储能信息管理平台,吸引包括充电桩运营商、电动车主、储能运营商、储能用户、发电商等多方加入,聚合各类灵活储能资源,通过有序引导储能设施充放电,发挥储能在能源生产消费中的枢纽和调节作用。

(6)发展关键技术,构建能源互联网体系。能源互联网发展离不开相关技术、配套设施的发展以及体系的构建。为此,台州在发展能源互联网时要结合自身特点:①推进台州综合能源网络基础设施建设,促进能源接入转化与协同调控设施建设;推动智能化能源生产消费基础设施建设,提高电能生产、消费智能化水平。②加强能源与信息通信基础设施深度融合。促进智能终端及接入设施的普及应用,加强支撑能源互联网的信息通信设施建设,推进信息系统与物理系统的高效集成与智能化调控,加强信息通信安全保障能力建设。③构建营造开放共享的能源互联网生态体系。构建能源互联网的开放共享体系,建设能源互联网的市场交易体系,促进具有台州特色的能源互联网商业模式创新。④发展智慧用能新模式。培育用户侧智慧用能新模式,构建用户自主的能源服务新模式,拓展智慧用能增值服务新模式。⑤深化大云物移智等技术的应用及技术攻关。实现能源大数据的集成和安全共享,基于台州先进制造业创新新兴产业的业务服务体系,建立基于大云物移智等新技术的行业管理与监管体系;加快能源互联网的核心设备研发,支持信息物理系统关键技术研发,支持系统运营交易关键技术研发。⑥响应国家号召,与国际接轨,协助制定能源互联网通用技术标准和建设能源互联网质量认证体系,推进智慧能源互联网建设,打造"互联网+"智慧台州。

参考文献

[1] 周孝信,陈树勇,鲁宗相,等.能源转型中我国新一代电力系统的技术特征[J].中国电机工程学报,2018,38(7):1893-1904,2205.

[2] 舒印彪.加快再电气化进程促进能源生产和消费革命[J].国家电网,2018(4):38-39.

[3] 曾鸣,杨雍琦,李源非,等.能源互联网背景下新能源电力系统运营模式及关键技术初探[J].中国电机工程学报,2016,36(3):681-691.

[4] 邵常政,丁一,宋永华,等.典型新兴市场国家电力体制改革经验及借鉴意义[J].南方电网技术,2015,9(8):13-18.

[5] 王永利,王晓海,王硕,等.基于输配电价改革的电网运维成本分摊方法研究[J].电网技术,2020,44(1):332-339.

[6] 曾鸣,杨雍琦,刘敦楠,等.能源互联网"源—网—荷—储"协调优化运营模式及关键技术[J].电网技术,2016,40(1):114-124.

[7] 孙宏斌,郭庆来,潘昭光.能源互联网:理念、架构与前沿展望[J].电力系统自动化,2015,39(19):1-8.

3 台州电网、新能源及负荷的 现状及发展趋势分析

3.1 台州发展现状及需求

"十三五"以来,台州能源产业结构不断优化,电力系统建设稳步推进,保障了地区经济发展所需的能源供给要求,有效带动了台州城市的经济发展建设。台州地区 2011—2018 年生产总值和增长速度如图 3-1 所示。截至 2018 年,台州市行政区辖椒江、黄岩、路桥 3 个区,代管临海、温岭、玉环 3 个县级市和天台、仙居、三门 3 个县,分设 61 个镇、24 个乡、44 个街道。2018 年,台州市实现生产总值 4874.67 亿元,按可比价格计算,比上年增长 7.6%,增幅比上年降低了 0.5 个百分点。其中,第一产业增加值 264.28 亿元,增长 0.9%;第二产业增加值 2182.60 亿元,增长 8.7%;第三产业增加值 2427.79 亿元,增长 7.3%;三次产业结构为 5.4:44.8:49.8。全市人均生产总值为 80644 元,比上年增长 7.1%,按年平均汇率折算达 12187 美元。市区实现生产总值 1808.20 亿元,按可比价格计算,比上年增长 8.3%。市区人均生产总值达到 111645 元,比上年增长 7.5%,按年平均汇率折算达 16871 美元[1]。

2018 年,台州市全体居民人均可支配收入 43973 元,比上年增长 8.7%,扣除价格因素实际增长 6.1%。城镇常住居民人均可支配收入 55705 元,比上年增长 8.4%,扣除价格因素实际增长 5.8%;农村常住居民人均可支配收入 27631 元,比上年增长 8.9%,扣除价格因素实际增长 6.3%。城乡居民收入差距倍数为 2.02。全体居民人均生活消费支出

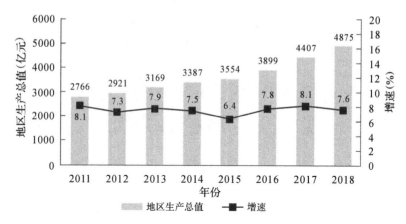

图 3-1 2011—2018 年地区生产总值和增长速度

29421 元,比上年增长 8.4％。城镇常住居民和农村常住居民人均生活消费支出分别为 35100 和 21510 元,比上年增长 8.0％和 9.1％,扣除价格因素实际增长 5.3％和 6.5％。

与此同时,电力供给侧可再生能源装机容量逐年提高,实现了能源产业优化升级,社会节能降耗取得实效,生态环境得到改善,居民能效水平不断提高。从能源发展形势看,浙江省建设"两美浙江"和创建国家清洁能源示范省的建设目标对能源发展提出了清洁、高效、安全、可持续的要求。在此形势下,台州亟须进行相关改革与建设,大力发展可再生能源,加快打造能源发展新格局,积极开展节能落实工作,以营造全社会节能降耗良好局面。

从电网建设来看,经过几年的不懈努力,台州电网实现了新的跨越,电网结构更加坚强,资源优化配置和抗风险能力显著提高,但面对省委省政府"两个高水平"、市委市政府"新时代美丽台州建设"和国网公司"电网高质量发展,世界一流能源互联网企业建设"的新要求,综合实力还需要进一步加强和提高。台州未来亟须将电网发展的目标聚焦构建全电压坚强智能电网,以大湾区高端电网建设为统领,着力打造广泛互联、智能互动、灵活柔性、安全可控、开放共享的新一代电力系统。

综上所述,为满足台州地区伴随着经济增长而不断增长的电力电量需求,解决网架基础薄弱的问题,同时促进清洁能源送出及消纳,加强能源转型与电网设施规划建设的衔接,以确保台州电网整体健康稳定的运行,开展未来电网规划研究迫在眉睫。

3.2 台州电网概况及现状分析

3.2.1 电网概况

(1)电源现状

截至 2018 年年底,台州电网电源总装机容量为 1406.51 万千瓦。台州电厂(四期、五期)装机容量 136 万千瓦,以 220 千伏电压等级上网;华能玉环电厂装机容量 400 万千瓦、三门核电 250 万千瓦、台州电厂二期 200 万千瓦、仙居抽水蓄能电站 150 万千瓦、桐柏抽水蓄能电站 120 万千瓦,以 500 千伏电压等级上网;非统调电厂装机 150.51 万千瓦,其中火电装机 19.9 万千瓦,水电 27.7 万千瓦,风电装机 19.8 万千瓦,太阳能装机 82.7 万千瓦,其他装机 0.41 万千瓦。2018 年台州市统调电源装机容量情况如表 3-1 所示。根据表 3-1 可得,煤电火电装机占比 53.74%,水电装机占比 21.17%,核电、风电、光电等新能源装机占比 25.09%。

表 3-1 2018 年台州统调电源装机容量情况

电源名称	机组类型	上网电压(千伏)	年末装机容量(万千瓦)
华能玉环电厂	煤电	500	4×100
台州电厂(二期)	煤电	500	2×100
台州三门核电	核电	500	2×125
桐柏抽水蓄能电站	抽蓄	500	4×30
仙居抽水蓄能电站	抽蓄	500	5×30
台州电厂四期	煤电	220	2×35
台州电厂五期	煤电	220	2×33

（2）电网现状

台州电网是浙江电网的重要组成部分。2018 年，台州电网通过回浦—宁海、回浦—丹溪、塘岭—四都、麦屿—四都、桐柏—苍岩、仙居—永康共 12 回 500 kV 线路，悬渚—跃龙线、唐兴—桐鹤线、安洲—仙都、临海—洋湾、塘岭—洋湾、塘岭—芙蓉共 7 回 220 kV 线路与宁波、金华、丽水、绍兴、温州电网相联系。

截至 2018 年年底，台州电网有 500 kV 变电站 4 座，主变 10 台，变电容量 825 万千伏安，即塘岭变（3×75 万千伏安）、回浦变（（2×75＋100）万千伏安）、柏树变（2×100 万千伏安）、麦屿变（2×75 万千伏安）；500 kV 线路 22 条，总长度 721.5 km；220 kV 变电站 30 座，主变 64 台，变电容量 1227 万千伏安；220 kV 线路 93 条，总长度 1755.79 km；110 kV 变电站 132 座（含用户变 13 座），主变 257 台，变电容量 1253.6 万千伏安；110 kV 线路 230 条，总长度 2267.24 km。

随着地区电力负荷的不断增长，电网配电网不断扩大，配电网的电压等级逐渐增大，台州地区最高电压等级达到 500 kV，220 kV 电压等级也已逐步进入县区域。总体而言，台州目前 110 kV 及以上线路基本覆盖了全市各个区县，城市基础网架建设趋于完毕，能基本满足全市供电需求。截至 2018 年年底，台州市 500 kV 变电站及 220 kV 变电站情况如表 3-2 和表 3-3 所示。

表 3-2　2018 年年底台州市 500 kV 变电站情况

序号	变电所名称	主变容量（万千伏安）	投产时间
1	塘岭变	3×75	2004/12/24
2	麦屿变	2×75	2009/5/31
3	柏树变	2×100	2009/10/25
4	回浦变	2×75＋100	2008/01/20
主变容量合计		825	

表 3-3 2018 年年底台州市 220kV 变电站情况

所属区县	序号	变电所名称	主变容量（万千伏安）	变电站投产时间
市区	1	外沙变	15＋18	2008
椒江区	2	海门变	2×15＋18	1997
	3	恒利变	2×18	2011
	4	君田变	2×24	2014
	5	石柱变	2×24	2014
	容量小计		213	
市区	6	白枫变	2×18	2012
路桥区	7	金清变	15＋18	2004
	8	升谷变	2×15	2005
	9	新市变	2×24	2018
	容量小计		147	
市区	10	剑山变	2×18	2006
	11	桔乡变	2×15＋18	1996
黄岩区	12	巨峰变	2×24	2016
	容量小计		132	
温岭市	13	曙光变	3×15	2003
	14	泽国变	2×15	1988
	15	红升变	2×24	2009
	16	牧岩变	2×24	2012
	17	上珙变	2×18	2008
	容量小计		207	
临海市	18	童燎变	2×24	2010
	19	大田变	2×18	2005
	20	临海变	12＋15	1982
	21	广文变	2×24	2017
	容量小计		159	

续表

所属区县	序号	变电所名称	主变容量（万千伏安）	变电站投产时间
玉环县	22	古城变	2×24	2010
	23	龙门变	2×15＋18	1995
	24	沙呑变	2×15	2006
	25	九清变	2×24	2018
	容量小计		174	
三门县	26	悬渚变	15＋18	2006
	27	琴江变	2×24	2017
	容量小计		81	
天台县	28	国清变	15×2	2001
	29	唐兴变	2×24	2014
	容量小计		78	
仙居县	30	安洲变	15＋18	2007
	容量小计		33	
主变总容量			1227	

3.2.2　现状分析

台州地区在近年来的电网建设中取得了不俗的成绩，一大批输变电项目可靠落地。在"十三五"期间，台州电网共完成 110 kV 及以上项目 56 项，其中 500 kV 项目 3 项，220 kV 项目 12 项，110 kV 项目 41 项。然而，台州当前电网仍然存在一些实际问题，主要体现为以下 6 个方面。

（1）局部 500 kV 电网供电能力不足，主变重载情况严重。

台州北部目前有 220 kV 变电站 9 座，主要靠 500 kV 回浦变（（2×75＋100）万千伏安）供电，回浦变的下送稳定限额为 180 万千瓦，2018 年夏季高峰主变下送潮流达到 170 万千瓦，断面重载严重。

九清 220 kV 输变电工程投产后，台州南部塘岭变、柏树变、麦屿变组成联合供区运行,考虑潮流自然分布,一定程度增加了麦屿变的负载并减少塘岭变、柏树变的负荷。2018 年夏季高峰,麦屿变的主变负荷为 111 万千瓦,主变重载问题突出。

(2)500 kV 柏树变作为终端变运行,供电可靠性差。

目前柏树变通过塘岭—柏树的同塔双回路接入系统,为终端变运行,考虑台州沿海地区台风频发区域,同塔双回线路同时故障将引起柏树变 500 kV 全停的运行风险较高。同时考虑到目前柏树变与塘岭变作为联合供区运行,由于受 220 kV 线路输送能力的限制(塘岭—牧岩双线极限输送能力 86 万千瓦,塘岭升谷双线极限输送能力 580 万千瓦),存在电磁环网的问题。目前塘岭—柏树 500 kV 双线的稳定限额为 120 万千瓦,2018 年双线最大潮流达到 110 万千瓦,断面重载严重。

(3)部分 500 kV 变电站 220 kV 送出线路位于同一侧母线,母线 $N-2$ 方式下部门区域存在电网安全风险。

目前"回浦—悬渚 2 回线、回浦—童燎 2 回线、回浦—广文 2 回线、回浦—大田 2 回线"位于回浦变 220 kV 同一侧母线,"回浦—国清—唐兴"位于回浦的同一侧母线;"柏树—红升 2 回线,柏树—石柱 2 回线位于柏树变 220 kV 同一侧母线上",若上述母线发生 $N-2$ 的严重情况,将导致 220 kV 国清、唐兴、悬渚、琴江、童燎、大田、红升、石柱、三门牵全停,供电可靠性较差。不考虑 110 kV 及以下的转供,若三门县全县全停,天台县全县全停,则临海市损失负荷达到 36%,温岭损失负荷约 26%,椒江损失负荷约 17%。

(4)220 kV 输电线路断面重载情况较多,制约电网供电能力。

500 kV 变电站的一级送出线路 38 条,其中全线或部分线路截面 $2\times300\ mm^2$ 以下的线路为 13 条,其中 2018 年迎峰度夏期间,岭泽 4341/岭国 4342、泽桔 2342/泽乡 2343、岭上 4345/岭珙 4346 均出现重载、断面超限的问题,急需对其中的小截面导线进行增容改造或配套相关的输变电工程,完善区域网架。

(5)电网基础设施建设难度较大,输变电工程建设周期长。

近年来,台州市政府不断加大招商引资和城市建设力度,旧城改造和新区建设全面铺开,土地资源更加稀缺,用电负荷愈发集中。由于土地资源的稀缺,市区变电所在选址、布点上存在诸多难点,线路路径的落地周期长、难度大,具有很大的不确定性。

(6)台风等自然灾害问题严重,威胁电网安全供电能力。

台州地处东南沿海,是浙江热带气旋登陆次数最多的地级市。21世纪以来经历了云娜、海葵、韦帕、苏迪罗、利奇马等超强台风的登陆,直接经济损失高达数百亿元。图3-2为台风"利奇马"在台州温岭登陆。台风灾害是台州面临的主要自然灾害,给台州带来了巨大的影响,也给台州电网带来了压力。网架是否坚强,基础设施建设是否可靠,电网恢复能力是否快速,都直接影响着台州电网在自然灾害下的安全供电能力。提高台州电网质量,增强"抗台"能力,是台州电网建设与发展的重要任务之一。

图 3-2　台风"利奇马"在台州温岭登陆

图源网址:https://baijiahao.baidu.com/s? id＝16413973073133206671&
wfr＝spider&for＝pc

鉴于以上问题,台州未来电网亟须考虑地区负载情况、未来城市产业发展需求以及自然灾害问题,优先提升供电薄弱地区的供电能力,提升网架建设质量,保证全市各区县供电的安全可靠,以避免出现供电不足、线路过载以及大面积停电等重大灾害。

3.3 台州新能源现状及发展趋势分析

3.3.1 发展现状

台州地处浙江东部沿海,海岸线长 1660 km,岛屿众多,风力资源丰富,目前在大陈岛上、括苍山顶、温岭东海塘区、玉环海上等都建设有风力发电站。截至 2018 年年底,台州市有东南沿海总装机容量 100 万千瓦的海上风电项目,台州市东南部温岭、玉环沿海地区以及台州北部山区等区域有总装机 60 万千瓦的陆上风电资源。

同时,台州也积极推广企业、家庭屋顶分布式光伏发电应用,因地制宜推进地面光伏电站建设。早在 2016 年年底,台州就有 1600 余户居民分布式光伏发电项目,发电容量将近 8700 千伏安,预计到 2020 年,台州全市将建成家庭屋顶光伏装置 8 万户以上。近年来,台州市安装光伏发电系统的房屋、厂房和商业以及公共设施建筑越来越多,图 3-3 为台州市三门县屋顶光伏电站。光伏发电已经与台州居民生活、农业生产、工业生产以及商业都产生了联系。这些光伏发电的发展都与政府政策支持以及人民生活水平的提高密不可分。台州地区已随处可见大棚、生化池上方、居民楼顶安装的光伏电板,也涌现出了光伏车棚、光伏路灯等新型光伏设施。东南沿海最大农光互补光伏电站也落户于台州玉环,项目总建设容量 200 兆瓦。

近年来,我国正在加快发展氢能产业,尤其在氢燃料电池车领域出台了不少扶持政策。利好政策的相继推出带动了氢能产业链发展,氢能及氢燃料电池市场展现出了广阔的发展前景[2]。在国家发展特色小镇的政策下,台州建设了全国第一个氢能小镇,构筑了全国首个完整的集氢能源科研、孵化、金融、产业、物流、商业、会展、示范、应用、推广为一体的产业生态体系(图 3-4)。

总体而言,可再生能源发电在台州得到了较为广泛的应用,与居民生活、农业生产、工业生产以及商业产生了良性结合,一系列分布式风电、光伏

图 3-3 台州市三门县屋顶光伏电站

图源网址:https://taizhouzj.fangdd.com/news/33176306.html? fromShare=wct

图 3-4 台州市氢能小镇规划图

图源网址:https://www.askci.com/xmal/20190524/1451581146806.shtml

项目得以落地。尽管如此,台州可再生能源的发展应用还有很大的提升空间,例如目前光伏项目应用示范区的数量相对较少,与储能、系统相融合的程度也较弱。另一方面,尽管台州处于浙江东南沿海,风力资源丰富,但是海上风电在台州的应用仍不够广泛,大型风电项目尚处于起步阶段。除此之外,相关研究显示,台州可开发潮汐能理论容量 104.81 万千瓦,年可发电 26.81 亿千瓦时,但是目前潮汐能发电开发利用水平不高,其他诸如生物质能等新能源的应用在未来也有很大的提升空间。

3.3.2 发展趋势

能源转型与新能源革命背景下，为缓解气候变化与环境污染问题，全球都积极地对传统能源结构进行变革。"绿水青山就是金山银山"，国家也在加大对环境保护的投入，当前已制定了一系列针对能源转型与新能源发展的相关政策，全方位鼓励新能源的生产与使用[3]。新能源产业的发展顺应时代的发展趋势，符合低碳经济的发展思路，其产业的发展将成为中国经济可持续发展的新动力。台州地处浙江东南沿海，属于国家经济发展重点城市，分布式光伏、海陆风电等可再生资源丰富，须顺应能源转型时代背景，积极布局新能源产业发展，扩大新能源产业的规模，加大对新能源产业的投资[4-5]。

台州风力资源丰富，当前海陆风电装机容量已达 160 万千瓦，但相比舟山等同类城市，开发水平仍有所不足，存在较大的上升空间。未来，台州电网将在维护好现有海上、陆上风电场的基础上，继续在温岭市松门镇东侧海域、玉环岛东侧、路桥区东廊岛、西廊岛东侧海域、三门湾海域等台州辖区海域以及台州山区进行海上、陆上风电的建设，同时也将对大型海上风电场项目进行规划，提升风力开发技术，招商引资，吸引国内外大型风电集团对台州地区海上风电进行开发，提高风力资源利用水平，提升风电总装机容量。

除此之外，台州未来势必加大潮汐能开发利用水平，借助 1660 km 的海岸线以及众多的岛屿对潮汐能发电站进行规划与部署。潮汐电站总装机容量将在技术水平进步的过程中与可开发潮汐资源总量不断匹配。

尽管目前为止台州地区光伏发电运用较为广泛，建设家庭屋顶分布式光伏发电项目的居民有数万户，建设农光互补、渔光互补、农渔光互补发电项目也有若干，但是仍缺乏规模化与产业化的应用，给并网与消纳带来很大的压力。未来将发展规模化的光伏发电项目，建设大型光伏发电产业。

此外，台州在未来也将继续开展关于核能及生物质能的开发利用。核能发电过程中不产生二氧化硫、氮氧化物和烟尘，有害气体排放也远少于化石燃料。在同等规模下，2000 万千瓦的核电站工作一年能少消耗约 0.5 亿吨标煤，能减少排放 75 万吨氮氧化物、165 万吨二氧化硫，以及 1.65 亿吨二氧化碳,二氧化碳减排量相当于 30 万公顷森林 1 年的吸收量。核电的废气排放量高于水电和太阳能,远远低于煤炭和天然气发电,而生物质能诸如生物质成型燃料及沼气发电的利用,能处理大量的餐厨垃圾,在减轻垃圾填埋压力的同时进行电能的生产。因此,未来台州也应在现有相关项目基础上安全发展核电,继续推进三门核电二期、三期项目建设工作,开展核电配套设施(护堤)建设;未来继续开展海岛核电前期研究,并加大生物质能开发力度,协助缓解能源压力。

总体而言,能源转型背景下,台州未来火力发电投资将不断减少,新能源的投资逐步增加,使得电源类型朝着清洁方向发展。然而,新能源发电装机总量的提升也给台州电网带来了挑战,如何降低分布式能源接入带来的波动性、间歇性与不确定性,如何提升可再生能源消纳能力成了亟须解决的问题。对此,台州未来也应加大储能、微电网、虚拟电厂等产业技术的投入,以缓解大规模可再生能源的接入给电网带来的压力,提升电网可靠性。

3.4 台州负荷现状及发展趋势分析

3.4.1 发展现状

台州有着"制造之都"的美称,有吉利汽车台州制造基地、浙江苏泊尔股份有限公司、浙江海正药业股份有限公司、伟星集团有限公司、利欧集团股份有限公司等众多知名企业,制造业兴盛,工业负荷占主导地位。2018 年,台州全社会年用电量 329.5674 亿千瓦时,其中工业用电 214.62 亿千瓦时,占比高达 65.9%,工业生产区、高新园区负荷密度较大。

当前台州处于社会经济发展上升期,制造业繁荣,工业负荷占比较高且处于增长的趋势。2018 年,台州全市实现工业增加值 1895.25 亿元,按可比价格计算,比上年增长 9.4%。全市规模以上工业企业(年主营业务收入 2000 万元及以上工业企业)数量为 3801 家,实现工业增加值 1102.43 亿元,比上年增长 9.7%。与此同时,其他产业以及居民生活用电也不断上升,负荷密度逐渐增高。随着负荷的增长,台州当前网架逐渐出现主变重载、供电能力不足等严峻问题,地区负荷也存在日分布不均、周分布不均、年分布不均以及区域分布不均等问题,给电网规划与运行控制带来了很大的挑战。

电动汽车作为新能源革命中推动能源转型、促进城市绿色可持续发展的重要新型负荷,近年来也得到了一定的发展。然而,截至 2018 年年底,台州机动车保有量 177.79 万辆,而电动汽车保有量不足 10000 辆,电动汽车保有比率极低,电动汽车充电桩数量也较少。显然,目前台州市电动汽车及配套设施的发展还处于起步阶段,未来电动汽车要发展,充电基础设施是关键,须规划贯彻"桩站先行、适度超前"的总要求,遵循"市场主导、快慢互济"的原则,因地制宜分类推进充电基础设施建设发展。

3.4.2 发展趋势

随着社会的发展、生产水平的进步以及人民生活水平的提高,台州市年用电负荷呈现总体增长趋势,各区县负荷密度逐年增长。随着能源转型的不断深入和能源产业结构优化升级,台州各类产业生产模式也将由传统粗放型向绿色集约型转变。因此,未来台州市负荷总量增大,总用电量增加,但是单位 GDP 耗电量将减小。

未来台州电动汽车保有量以及保有率将有明显的提升,预计 2050 年电动汽车保有率将达到 70%,电动汽车将成为台州汽车市场的主流。与此同时,台州市也将布局电动汽车充电设施建设,满足电动汽车充电需求,实现便捷、智能化充电服务。

《台州市城市总体规划(2017—2035)纲要初稿》指出,台州的城市发展定位为"活力智慧湾区、和合创业都会、山海幸福美城",提出台州市的城市性质为"长三角实业制造名城、浙江沿海区域中心城市",目标是建立沿海地区具有国际与区域影响力的现代实业创新中心城市、绿色活力智慧港湾城市。我们根据台州地区经济发展形势、产业结构特点和比重、电力和电量发展的历史规律,利用产业产值单耗法、时间序列法、弹性系数法、负荷利用小时等多种电力电量负荷预测方法,对台州"十三五"后两年、"十四五"期间以及 2035 年的负荷电量情况进行分析预测。2035 年,台州常住人口预计约 750 万,城镇人口约 570 万,全社会用电量约为 520 亿千瓦时,电力负荷约为 1250 万千瓦。台州地区 2025 年全社会最高负荷预计为 930 万千瓦,"十四五"的增长率为 5.0%;全社会电量预计为 437 亿千瓦时,"十四五"的增长率为 3.6%。2021—2035 年台州全市电力电量预测结果以及分县市负荷预测结果如表 3-4 和表 3-5 所示。

表 3-4 2021—2035 年台州全市电力电量预测结果

	2021 年	2022 年	2023 年	2024 年	2025 年	2035 年	"十四五"
负荷(万千瓦)	770	810	850	890	930	1250	5.0%
电量(亿千瓦时)	385	398	411	422	437	520	3.6%

表 3-5 2021—2035 年台州各县市负荷预测结果(万千瓦)

各县(市、区)	2021 年	2022 年	2023 年	2024 年	2025 年	2035 年
全市	7700	8100	8500	8900	9300	12500
椒江区	1293	1367	1451	1516	1590	2090
黄岩区	898	937	985	1028	1078	1480
路桥区	868	915	972	1014	1053	1440
临海市	1194	1270	1350	1428	1498	2250
温岭市	1486	1551	1610	1688	1767	2420
仙居县	330	350	363	375	389	530
天台县	375	394	413	431	448	610
三门县	368	388	403	427	452	700
玉环	1335	1400	1447	1509	1567	2110
合计	8148	8571	8995	9418	9841	13631
同时率	0.95	0.95	0.95	0.95	0.95	0.92

参考文献

[1] 台州市 2018 年国民经济和社会发展统计公报［EB/OL］. http://
paper. taizhou. com. cn/taizhou/tzrb/pc/content/201903/15/content_
23611. html［2019-03-15］.

[2] 刘坚，钟财富. 我国氢能发展现状与前景展望［J］. 中国能源，2019，
41(2)：32-36.

[3] 周强，汪宁渤，何世恩，等. 高弃风弃光背景下中国新能源发展总结及
前景探究［J］. 电力系统保护与控制，2017，45(10)：146-154.

[4] 徐林，黄晓莉，杜忠明，等. 适应新能源发展的电力规划方法研究［J］.
中国电力，2017，50(9)：18-24.

[5] 晁晖. 中国新能源发展战略研究［D］. 武汉：武汉大学，2015.

4　未来电网形态特征

　　未来电网应是高度智能化、自动化的能源互联网,可以实现综合能源的高效利用与分配,在保证系统安全的情况下最大化利用可再生资源,适应区域经济发展和能源转型的整体需要[1]。2016年2月,国家能源局在《关于推进"互联网＋"智慧能源发展的指导意见》中提出,能源互联网是一种能源产业发展新形态,是由信息互联网和能源物理网高度融合的统一整体,具有绿色、智能、高效以及各种能源资源和用户互动互补的特征,依靠能源互联网技术,可以大大降低因可再生能源发电的波动性对电网安全稳定运行带来的影响,并在保障可再生能源发电优先上网的情况下实现电网运行的全局性优化。随着电力物联网的建设,未来电网公司可借助智能数据采集设备,对海量数据进行定向处理,实现系统运行情况实时监测,统筹分布式可再生电源与集中式电源、需求侧响应、电动汽车与储能的"源—网—荷—储"协调,提高能源使用效率,实现电力系统的灵活柔性、安全可控。另一方面,随着竞争性电力市场建设和互联网技术的融入,未来电网也应是广泛互联、智能互动的综合能源服务平台,电网公司可为用户提供良好的、多样的能源服务,形成双向互动关系,将传统的以产品为中心的能源供给模式拓展为以客户为中心的服务模式。未来电网的整体架构如图4-1所示。

　　未来电网的最主要特征在于"源—网—荷—储"的智能化、协调化发展。其中,电源方面,高比例可再生能源接入带来的波动性问题可通过虚拟电厂等技术与储能设备得到解决;网架结构方面,大量电力电子器件和智能设备的应用,可实现输配电自动化,从而保证系统的灵活安全;负荷侧,基于电力物联网建设,借助广泛分布的智能化数据采集终端,用户用能大数据分析平台得以建立,从而实现需求响应资源、电动汽车、储能设备的协调调度和电力用户的智慧用能管理。在电力市场背景下,市场交易提供的价格信号可

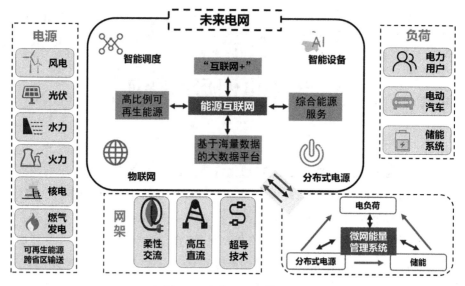

图 4-1　未来电网整体架构

提高电力规划的合理性,多主体多品种的综合能源服务也得以发展,在一定程度上推动了未来电网向能源互联网的转型。总的来说,未来电网可以归纳出五个主要的形态特征:广泛互联、智能互动、灵活柔性、安全可控、开放共享。

4.1　广泛互联

广泛互联,指的是电网将作为能源转换枢纽和基础平台,广泛连接各类能源基地、分布式电源和负荷中心,形成多种能源间、生产侧与消费侧之间的互联互通,承接区域清洁能源配置。2016 年 12 月,国家发改委和国家能源局发布的《能源生产和发展战略(2016—2030)》提出,应依托新能源、储能、柔性网络和微网等技术,实现分布式能源的高效、灵活接入。在未来电网中,电力将作为广泛利用的清洁二次能源成为能源传输的主要途径。广泛互联在未来电网中主要体现为:多种可再生能源充分利用和消纳,化石能源的清洁利用,可再生能源广泛接入各类用户。

对于清洁能源,台州未来电网将实现分布式与集中式发电并举,实现可再生能源的高比例接入,可再生能源占比为 70% 以上。其中,水电作为技术成熟、出力稳定的可再生能源,将成为未来能源体系中的重要支柱,以大型水电基地为重点,大中小结合,实现流域梯级的综合开发,合理布局抽水蓄能电站,通过与电力市场相互配合,解决水电消纳问题,实现水电资源的最大化配置,为未来电力系统运行经济性和灵活性提供重要保障[2]。与此同时,借助台州地理位置与资源环境优势,未来电网将大规模推进风电、光电、潮汐发电的运用,推进生物质能的开发利用,最终实现能源结构的优化。另一方面,分布式可再生能源具有波动性、间歇性、随机性,其大规模接入电网带来的系统安全稳定运行问题将通过虚拟电厂、大规模储能、需求侧响应等技术进行解决,以提高可再生能源的消纳水平。

对于化石能源,尤其是煤炭资源,在未来电网也将得到进一步清洁高效的开发利用,通过大量煤改气、煤改电工程促使电能、天然气等优质能源替代民用散煤,从而实现煤炭集中利用、集中治理。同时建立健全的煤炭质量管理体系和完善的煤炭清洁储运体系,通过技术革新获得更高的煤电机组效率,降低供电煤耗。应用超超临界等先进发电技术,建立高效、超低排放的煤电机组,从而实现燃煤电厂污染排放达到燃气电厂排放水平[3]。借助煤电机组实现灵活性改造,使未来电力系统能源效率得到进一步提高,未来煤电实现清洁、安全、灵活、高效、可持续利用。

综上所述,未来电网中分布式发电与集中式发电应深度融合,实现可再生能源的全面覆盖,广泛融入电网的各个环节,通过电动汽车、抽水蓄能电站、智能调度等方式,提高可再生能源的消纳水平,实现电力资源高效利用与源—网—荷—储等各个环节广泛互联。

4.2　智能互动

智能互动,指的是基于智能传感、能源数据分析技术,打造物理信息融合的智能化电力系统,实现能源智能化和精益化管控,通过储能、电动汽车以及需求侧响应技术,实现能源生产侧与消费侧的动态平衡。2015 年 9

月,国家发改委、国家能源局发布《国家发展改革委关于加快配电网建设改造的指导意见》,提出要构建智能互动服务体系,开展智能互动信息体系顶层设计与建设,鼓励应用光纤等高效通信方式,实现能源信息在供给与需求端的双向流动,适应能源生产与消费变革;综合应用云计算、边缘计算等大数据相关技术,实现海量数据的深层利用,全面支撑智能家庭、智能楼宇和智慧城市建设,推动全社会生产生活智能化。

智能化是未来电网的主要特征之一。智能变电站、智能电表、实时监测系统、现场移动检修系统、测控一体化系统以及一大批服务于各个专业的信息管理系统在未来电网中将得到广泛应用。电力系统各环节数据的种类和规模相当庞大,包括由用电采集系统、营销系统、广域检测系统、配电管理系统、生产管理系统、能量管理系统、设备检测和监测系统、客户服务系统、财务管理系统等采集的内部数据,以及气象系统、地理信息系统、电动汽车充换电管理系统产生的外部数据[4]。在此背景下,借助边缘计算技术,将部分数据在边缘进行计算、压缩、处理,大大节约传输空间与计算成本,大部分数据经过上传至云数据平台,通过对数据的获取和整合,形成统一的数据资源;采用如基于统计学的机器学习,以及决策树、Apriori 算法等基于全数据分析的分析方法对获得的数据进行分析,最终将数据的分析结果可视化,实现对电网完整数据集的一个概括,同时为用户提供对其有价值的重要信息,并且做到态势预估和展现,如空间负荷增长趋势预测、网架扩展态势展现,以及极端天气的可视化应急响应等[5]。将以上过程融合为一体,形成的以智能为核心特点的电网大数据平台,使电网效率得到极大提高,为用户带来极大便利。

基于智能化大数据平台,政府部门和相关行业可以实现对社会经济状况的分析与预测,时刻掌握风电、光伏、储能设备的工作状况和技术特性,并根据大量整合处理好的数据制定最合理的政策,借助平台实现效果分析,为相关工作带来大量便利。电网公司借助大数据平台,可以得到所辖用户对应的主要用电设备特性,包括用电时间及用电量等,并根据实时天气的外界因素给出分析,为制定需求管理/响应激励机制提供可靠依据;借助智能电表等智能设备,对用户用电能效进行评估,给出合理的改进意见,改善用户用电行为。用户也可借助智能家居等可靠设备,随时对自身用电状态进行科学合理控制[6]。在保障网架安全性方面,电网公司也可借助大数据平台实现暂态稳定性实时分析与实时控制,通过对地理信息系统(Geographic Information System,GIS)、设备管理体系(Plant Management System,PMS)、在线监测系统等历史和实时数据进行分析,为状态检修提供决策,实现对电网设备关键性能的动态评估与基于复杂相关关系识别的故障诊断,从而极大提高电力系统可靠性。

4.3 灵活柔性

灵活柔性,指的是"源—网—荷—储"协调发展、配电网灵活自愈,通过大量采用智能装备,提升网架的灵活性,实现高效、灵活、协调的未来电网。2018 年 2 月,国家发改委、国家能源局在《关于提升电力系统调节能力的指导意见》中指出,需要通过提高电网调度智能水平,发挥区域电网调节作用,提高跨区通道输送新能源比重来加强电力系统灵活性。

电源方面,未来电网将广泛接入各种新能源和分布式发电设备,如微型燃气轮机、燃料电池、光伏发电机组、风力发电机组、生物质能、海洋能和地热发电设备等[7];通过引入数字型保护继电器、智能分接头变换器、动态分布式电力控制设备,大大提高系统安全性。各种大容量储能及高效能量转换装置,如蓄电池储能、超级电容器、超导储能、飞轮储能,以及燃料电池和高容量储氢、高效二次电池等设备的广泛使用[8],可实现高比例可再生能源电力系统的发用电平衡,提高能源利用率,提升清洁能源消纳水平。

在输电方面,未来电网中主要包含三种电力电子设备。首先是柔性交流电设备,主要包括静止调相器、串联补偿器、无功补偿器和静止快速励磁器等。柔性交流输电技术可实现对输电系统运行过程中的参数进行控制,达到优化输电功率、降低输电成本和输电线路损耗的目的,提高电力系统运行过程中安全性和稳定性[9]。第二种是超高压直流输电设备,通过换流站使发电厂所产生的高压交流电转换为高压直流电,之后通过直流电输电线路进行远距离的传输,到达传输位置后再使高压直流电转换成高压交流电,极大降低了远距离输电成本,克服了交流电无法长距离运输的缺点,极大提高了电网效率,合理配置电力资源,使得电力分配更加灵活,电力系统更加协调。第三种是高温超导技术设备,主要有超导限流器、超导磁储能、超导电缆等。高温超导技术将超导体无阻高密度的载流能力与正常态相变的物理特性相融合,可降低电力系统的损耗,实现保护电力系统稳定性的目的。

在变电和配电方面,未来电网中,变电站将实现信息的交换和共享,构成一个信息化平台。未来电网在配电设备上的表现是配电网的高度自动化,用来适应分布式能源的大量接入。由于分布式电源的广泛接入,不可避免地将出现功率双向流动的形式,而电网的自动化对配电网的监控带来帮助。智能配电网通过使用传感技术对数据进行采集,通过通信网络进行传输,实现对配电网的全方位监控。变电和配电方面实现高度信息化和自动化,提升电力系统灵活性,使得能源分配更加高效而稳定。

在用电方面,未来电网将实现与用户有效的交流互动,构建电力市场竞争机制,使用户可以进行信息和能量的双向交换,帮助用户随时了解自身的用电量和实时电价信息[10]。智能表计具有全面的计量电量功能,并且可以实时计费,与用户管理系统进行信息的沟通,还可以随时获取用户不同时间段的用电信息数据。数据量测设备分为用户专用和企业专用两种类型。其中,用户专用的数据量测设备,是在原有的电子量测设备的基础上进行改造,添加先进的通信设备,实现用户对电力运行的实际情况测量和交易数据监控;企业专用的量测设备主要具有保护系统和控制系统,设备在保护系统中主要体现在线路容量实施监控设备,而体现控制系统的设备为故障识别继电器。与用户有效的交流沟通,有利于电网侧监控和调度,使得能源规划更合理。

台州未来电网灵活性除智能设备外,还应体现在微电网对分布式可再生能源的灵活消纳。在海岛地区,形成风光互补与冷热电多能互补的微电网,将大量分布式电源并网问题转化为一个可控微电网并网问题,削弱随机性、波动性和间歇性对电网安全稳定运行和电能质量等方面的不利影响,同时微电网在离网模式与并网模式之间能进行合理切换,有效提高了电网自身的灵活性[11]。

未来电网将在"源—网—荷—储"四个方面进行合理分布,使用大量的智能设备,提升电网运行灵活性,给调度人员提供极大便利。自动化和智能化的设备引入，降低了人力成本，正确处理运行问题，使工作效率大大提高，有效提升电网运行稳定性，使得电力资源得以高效分配。

4.4　安全可控

安全可控，指的是借助能源物联系统，实现全网灵活调度，借助自动控制等手段打造本质安全电网。党的十九大报告提出，要坚持总体国家安全观，树立安全发展理念，弘扬生命至上、安全第一的思想，完善安全生产责任制，坚决遏制重特大安全事故，提升防灾减灾救灾能力。同时，供电服务从基本服务向客户定制服务拓展，单一供电服务向综合能源服务发展，大大提高了系统的安全性以及能源服务水平。

未来电网借助能源互联网，实现能源技术和通信技术的深度融合，从而提升整个能源系统的安全性、可靠性和经济性，进而改善系统规划、运行、管理和服务水平，实现能源绿色化、市场化以及用能高效化[12]。多种能源系统通过信息通信技术有机融合，实现能源系统信息共享，协调运行，为智能化与市场化提供保障；借助能源互联网的广泛海量数据与万物连接，实现能源开发利用的市场化、高效化、清洁化，实现大规模可再生能源安全接入，实现电网的安全可控。

对用户侧，包括居民生活、商业、工农生产、基础设施，供能系统也得到了完备的数据采集。除此之外，管网压力、温度等状态数据，电气参数如电压、电流、电量、开关、故障等得到有效连接，能耗得到全面监测，供能系统得到稳定安全的管理和维护。在万物互联的环境之下，用户侧数据得到正常连接和管控，极大提高了用户侧用电可靠性，保证用户侧用电安全。

对于电力系统，不仅变电站、电厂的运行生产关键数据成功实现了广泛连接，而且变电站、电厂、输电线路、配电网络的边缘小数据也得到广泛有效的连接。这些边缘数据包括电气设施周边环境数据，如气温、噪声、水浸、湿度、酸碱度、烟雾、粉尘等；电气设备状态数据，如设备温度、绝缘强度、倾斜状态、沉降、凝露、污秽等；附属设施状态数据，如电缆隧道环境数据、安全防范数据、电气建筑物状态数据、周围地理环境和状态数据(山体滑坡、地陷)；

电气设施的微气象微气候数据,如风速、气温、湿度、能见度、降水等[13]。通过对这些数据的安全检测,可以有效进行提前预防、报警和事前处理,防止故障、事故,甚至灾害的发生,同样也能提高日常的巡检、运维、运行效率,从而极大地保证电力系统的安全可控。当紧急故障发生时,智能设备的广泛接入使得系统可对故障作出迅速的反应,切除故障;通过调整机组出力,借助储能设备做到紧急支援,保证电力系统具有很高的稳定性。

台州地处东南沿海,夏季台风等气象灾害将严重危害电网的安全稳定运行。针对这类问题,电力管理部门合理规划电网网架,构建大电网联络支撑、抗灾保障电源分层分区运行的坚强电网,使得电力系统抗灾能力大大提高。一方面,通过综合采取网架结构优化、重要线路电缆化、重要变电站户内化等措施,强化台风多发区城市中心区域电网基础网架;另一方面优化电源布局,建设具有孤岛运行或黑启动能力的抗灾保障电源,制定完善的用户配电设施建设和验收标准,提高用户配电设施抗灾能力。通过"源—网—荷—储"协同发展,提升电力系统抗灾能力。同时,加强应急机制建设,完善应急组织结构,优化应急工作流程,提升防台部门综合协调能力;另一方面积极开展气象数据研究,强化灾情预判能力,充分利用各种先进设备与技术,提高灾情勘察能力,提高装备机械化、智能化水平,提升抢修复电能力,使得电力系统在面对紧急自然灾害时,能够妥善处理,大大提高电力系统的安全稳定性。

未来电网依托能源物联网的广泛数据连接,实现对社会海量资源的安全监控,反馈给电网和用户,实现电力资源安全分配,对故障隐患及时排查,对意外灾害造成的电力系统损失以最快速度弥补,同时保证用户用电科学安全,帮助用户了解实际用电情况,以实现从电网到用户用电环节全面安全可控。

4.5 开放共享

开放共享,指的是依托共享数据平台和人工智能技术,充分整合互联网企业等资源,构建开放、融合、协同、共享的可再生能源开发利用合作模式,拓展合作的深度和广度，打造资源共享平台。2016 年 2 月，国家发改委、国家能源局在《关于推进"互联网＋"智慧能源发展的指导意见》中提出，要营造开放共享的能源互联网生态体系。开放共享是能源互联网发展的必然趋势。

未来电网借助开放、合作、共赢的理念，积极有序推进投资和市场开放，吸引更多社会资本和各类市场主体参与能源互联网建设和价值挖掘，带动产业链上下游共同发展，打造共建共治共赢的能源互联网生态圈，与全社会共享发展成果[14]。借助"互联网＋"，实现数据平台与各方的广泛连接，实现信息的广泛交互共享，推动各方资源的最优调度。在电源侧，发电商借助数据平台上的开放数据以及电力管理部门及时的管理机制，合理调节发电计划，实现社会收益最大化，同时促进电力系统安全稳定运行。在需求侧，用户借助互联网以及广泛的开放数据如天气、交通等数据，合理调节自己的用电计划。

未来电网通过以用户为中心的综合能源服务，为客户用能背后的最终需求提供节能咨询等个性化能源衍生服务，实现资源共享。在综合能源服务背景下，客户与企业形成强大而稳定的关系网络，充分开展能量流、信息流和业务流的互动活动，吸引客户高频次的访问。综合能源服务通过能源输送网络、信息物理系统、综合能源管理平台以及信息和增值服务，实现能源流、信息流、价值流的交换与互动；通过系统优化配置实现能源高效利用，向用户直接提供服务，实现不同供能方式之间、能源供应与用户之间友好互动，可以将公共热、冷、电力、燃气、水务整合在一起，依托大数据平台，实现社会资源的综合利用[14]。同时借助多主体多品种的能源交易市场，构建用户与企业多方参与、开放共享、信息对称的能源市场交易体系，形成健康的多边价值网络，实现资源的最优配置。

参考文献

[1] 张文亮，刘壮志，王明俊，等. 智能电网的研究进展及发展趋势[J].
电网技术，2009，33(13)：1-11.

［2］路甬祥. 清洁、可再生能源利用的回顾与展望［J］. 科技导报，2014，32（Z2）：15-26.

［3］胡徐腾. 我国化石能源清洁利用前景展望［J］. 化工进展，2017，36（9）：3145-3151.

［4］胡江溢，祝恩国，杜新纲，等. 用电信息采集系统应用现状及发展趋势［J］. 电力系统自动化，2014，38(2)：131-135.

［5］彭小圣，邓迪元，程时杰，等. 面向智能电网应用的电力大数据关键技术［J］. 中国电机工程学报，2015，35(3)：503-511.

［6］田世明，王蓓蓓，张晶. 智能电网条件下的需求响应关键技术［J］. 中国电机工程学报，2014，34(22)：3576-3589.

［7］季阳，艾芊，解大. 分布式发电技术与智能电网技术的协同发展趋势［J］. 电网技术，2010，34(12)：15-23.

［8］张文亮，丘明，来小康. 储能技术在电力系统中的应用［J］. 电网技术，2008(7)：1-9.

［9］傅守强，高杨，陈翔宇，等. 基于柔性变电站的交直流配电网技术研究与工程实践［J］. 电力建设，2018，39(5)：46-55.

［10］李扬，王蓓蓓，李方兴. 灵活互动的智能用电展望与思考［J］. 电力系统自动化，2015，39(17)：2-9.

［11］杨新法，苏剑，吕志鹏，等. 微电网技术综述［J］. 中国电机工程学报，2014，34(1)：57-70.

［12］赵俊博，张葛祥，黄彦全. 含新能源电力系统状态估计研究现状和展望［J］. 电力自动化设备，2014，34(5)：7-20,34.

［13］王毅，陈启鑫，张宁，等. 5G通信与泛在电力物联网的融合：应用分析与研究展望［J］. 电网技术，2019，43(5)：1575-1585.

［14］杨方，白翠粉，张义斌. 能源互联网的价值与实现架构研究［J］. 中国电机工程学报，2015，35(14)：3495-3502.

［15］周伏秋，邓良辰，冯升波，等. 综合能源服务发展前景与趋势［J］. 中国能源，2019，41(1)：4-7,14.

5 台州未来电网发展关键技术体系

未来电网的发展趋势是将现代信息系统和先进电力电子设备与传统电网相融合,借助广泛接入的传感设备以及高速传输网络,改善电网的可控性与可观性,解决传统电力系统在高比例新能源接入情况下能源利用率低、互动性差、安全稳定分析困难等问题,从源、网、荷、储四个方面提高电力系统稳定性和能源使用效率;借助现代化信息手段,基于云计算、大数据、物联网、移动互联网、人工智能技术,实现大规模电力数据的智能采集收集和应用。下面从坚强智能电网和电力物联网两个方面构建台州未来电网关键技术体系,如图 5-1 所示。

5.1 坚强智能电网技术

"坚强智能电网"以坚强网架为基础,以通信信息平台为支撑,以智能控制为手段,包含电力系统的发电、输电、变电、配电、用电和调度等各个环节,覆盖所有电压等级,实现"电力流、信息流、业务流"的高度一体化融合,是坚强可靠、经济高效、清洁环保、透明开放、友好互动的电网。在坚强智能电网层面,电网技术贯穿源、网、荷、储各个环节,有效保障未来电网安全、稳定、高效、清洁。

5.1.1 电源技术——源

台州市政府在《台州市打赢蓝天保卫战三年行动计划(2018—2020年)》中提出将调整能源结构,大力发展清洁能源作为台州大气污染治理的

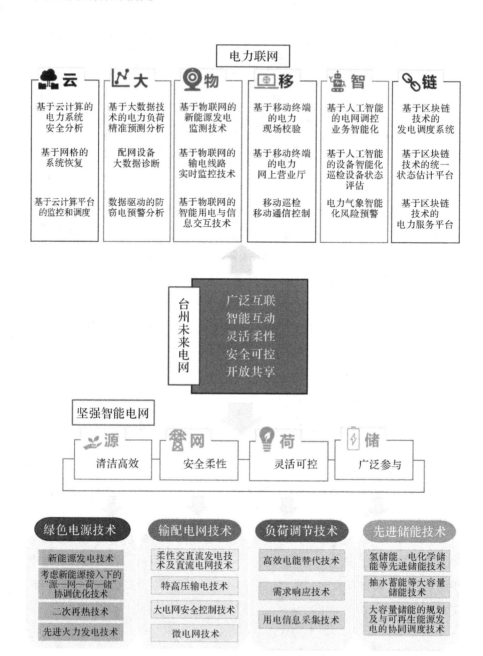

图 5-1　未来电网关键技术体系整体架构

重要举措,要求电力在终端能源消费中的比例提高到 35%,清洁能源消费比例提高到 30%。坚持做到加快调整能源结构,大力发展清洁能源,提高能源利用效率。清洁能源技术是台州未来电网技术体系中重要的组成部分。台州地处浙江沿海,有着"山海水城"之称,水能、风能、光能、海洋能等自然资源丰富,因此,必须大力发展水能、风能、光能、海洋能等新能源发电技术,实现可再生能源的高度开发利用,与传统发电技术相辅相成、相互促进。

（1）新能源发电技术

新能源包括风能、太阳能和生物质能等传统可再生能源以及页岩气和小堆核电等新型能源或资源[1]。浙江具有丰富的可再生能源,清洁能源的高效利用是未来电网的必然趋势。新能源发电技术包括各种高效发电技术、运行控制技术、能量转换技术等,如规模光伏发电技术和太阳能集热发电技术、变速恒频风力发电系统,微型燃气轮机分布式电源技术等高效发电技术;燃料电池功率调节技术、谐波抑制技术、高精度新能源发电预测技术、新能源电力系统保护技术、智能控制与群控优化技术和综合优化技术等运行控制技术;动力与能源转换设备、资源深度利用技术等能量转化技术。借助新能源的广泛接入,可以大大优化未来电网的能源结构。

（2）考虑多种新能源接入下的"源—网—荷—储"协调优化技术

台州地处浙江沿海地区,具有丰富的自然资源,如太阳能、风能、水资源、燃气资源、煤炭等,未来会有广泛的新能源接入。在多能网络互相耦合的情况下,网络能量流动之间的互补协调、安全控制需要的技术支撑,主要包括以下三种。

1）广域能源优化配置技术

广域能源优化配置规划技术是台州未来电源技术的重要部分,能够统筹兼顾、因地制宜地协调一定能源区域内的各种能源资源。在规划阶段,分析资源开发利用的具体模式,结合区域内铁路网、燃气供应网络、供热网络的整体情况,确定光伏发电、燃气发电、传统煤电的容量及选址,设计相应的能源规划方案及系统运行方案,通过模型测算保证规划的合理性、可靠性,实现电力系统、铁路网系统、油气网系统的统筹协调[2]。这方面的研究重点主要是规划模型研究,将以现有的智能电网规划模型为基础进一步延伸,并且以模型为依据构建软件平台和信息处理分析系统。其中,魏炜等[3]提出了 IRSP(Integrated Resource Strategy Planning,综合资源战略规划)区域能源扩展方法,证明采用广域能源优化配置规划技术,相比传统规划方法,综合成本降幅达 11.75%,日网损电量降幅达 30.41%。

2)多能流互补控制技术

在能源供应与输配环节,未来能源互联网通过柔性接入端口、能源路由器、多向能源自动配置技术、能量携带信息技术等,能够显著提高电网的自适应能力,实现多能源网络接入端口的柔性化、智能化,降低网络中多能源交叉流动出现冲突、阻塞的可能性。在系统出现故障时,能够加速网络的快速重构,重新调整能源潮流分布和走向。多能流互补控制技术主要聚焦于控制策略与控制技术方面,控制策略主要指多类型能源发电的优化调度模型、控制模型等[4];控制技术主要指以数字信号处理为基础的非传统控制策略及模型,包括神经网络控制、预测控制、电网自愈自动控制技术、互联网远程控制技术、模糊控制技术、接入端口控制技术等。

3)多能源计量监测及信息交互技术

信息监测技术方面,智能电网的高级量测体系(advanced metering infrastructure,AMI)系统是基础,其未来的研发过程要向着智能化、计量能力多元化、信息交互多向化方向发展,通过无线传感器技术、遥测技术等实现能源信息的自动采集、自动分析处理。信息交互技术方面,随着电网要求不断提高,需要的数据采集量与处理量迅速增长,未来需重点研发信息交互自动感知技术、通用信息接口技术、数据清洗技术、信息数据压缩技术、数据信息融合技术等,实现用户与用户之间、用户与各个能源互联网模块之间的自由信息交换与动态反馈。

(3)先进超超临界发电技术

超超临界发电技术是指燃煤电厂将水蒸气压力、温度提高到超临界参数以上,实现大幅提高机组热效率、降低煤耗和污染物排放的技术[5]。先进超超临界发电技术是在镍铁基、镍基高温材料研发突破的基础上,进一步将蒸汽参数提高至 630℃、760℃以上,供电效率可在 50% 以上,供电煤耗可达 250 克标煤/千瓦时以下,能够大幅度提高机组发电效率,降低煤耗及污染物、CO_2 等温室气体的排放。一台 600 兆瓦等级的 700℃ 先进超超临界机组,可比同容量 600℃ 超超临界机组节约标准煤约 14.3 万吨/年,大气污染物减少 14% 左右(NO_x、SO_x),CO_2 减排约 30 万吨/年,具有十分显著的经济效益和生态效益。

（4）二次再热技术

二次再热技术代表当前世界领先发电技术，是目前提高火电机组热效率的有效途径。一般常规机组均采用蒸汽一次中间再热，是将汽轮机高压缸排汽送入锅炉再热器中再次加热，然后送回汽轮机中压缸和低压缸继续做功[6]。再热技术通过提高蒸汽膨胀过程干度、焓值来提高蒸汽的做功能力。采用二次再热的系统，蒸汽在超高压缸、高压缸做功后分别返回锅炉的一次再热器、二次再热器中再次加热。相比一次再热系统，二次再热系统锅炉由于多了一级再热，使得能量分配和调温的技术难度增加了，汽轮机也增加一个超高压缸，多了一套主汽与调节汽门的协调控制。在相同主汽与再热蒸汽参数条件下，二次再热机组的热效率比一次再热机组提高 1.5%～2.0%，二氧化碳减排约 3.6%。根据超超临界机组未来的发展，参数必然进一步提高。采用二次再热，当主、再热蒸汽温度达到 650～720℃、主汽压力超过 30MPa 时，电站的效率将进一步提高，可以获得与 IGCC（Integrated Gasification Combined Cycle，整体煤气化联合循环发电系统）和 PFBC（Pressured Fluidized Combine Cycle，增压流化床联合循环）发电技术相媲美的优良经济性。

5.1.2 输配电网技术——网

（1）柔性交直流输电技术

现代电网的规模日益扩大，运行和控制的复杂程度越来越高，而我国超/特高压大电网中的区域电网之间联络线路较少，尤其是特高压大容量直流输电系统接入电网后，某些极端故障可能导致受端电网出现大幅功率缺额，引起交流系统大幅振荡，区域间同步互联电网在严重故障条件下的切机、切负荷和区域电网间解列等常规的安全稳定措施不再适用。在此情况下，研究如何提高电网安全稳定水平具有极其重要的现实意义。柔性交直流输电技术通过在交流电网中装设统一潮流控制器、静止同步补偿器等先进电力电子装备，大幅提升电网的电压稳定水平，提高输电线路的功率极限及导线的热极限，减缓新建线路和提高现有线路的利用率，有助于减少和消除系统环流或振荡,提高现有输电网的稳定性、可靠性和供电质量[7]。未来柔性直流技术的主要发展方向包括:高压大容量柔性直流技术、直流电网技术及架空线柔性直流输电技术等。

1)高压大容量柔性直流技术:目前柔性直流输电系统未来电压等级和容量的提升,主要受到 XLPE(Cross-Linked Polyethylene)电缆的电压等级和现有绝缘栅双极型晶体管(IGBT)器件发展水平的限制,而此前工程中所采用单个换流器方式也限制了系统容量的提升。因此,未来柔性直流的容量水平提升,将主要集中于更高电压等级 XLPE 电缆、新型大容量电力电子器件以及新的系统拓扑应用等方面。

2)多端直流及直流电网技术:随着可再生能源的继续发展以及现有电网技术升级等方面的需求,柔性直流输电未来的发展将会继续集中在风电场的组网和集中送出、区域电网的互联、城市中心负荷的电力输送等方面。这些应用场合在很多情况下需要实现多电源输入和多落点的供电,这就需要多端直流甚至直流电网技术。

3)长距离架空线柔性直流输电技术:采用架空线传输不仅可以通过提升电压等级提升系统容量,还可以有效降低线路投资,节省造价。中国地域辽阔,各地发电和用电资源配置严重不平衡,因此长距离架空线输电在国内电力发展过程中有着不可替代的作用。浙江省作为电力受入大省,2019 年1—7 月省外累计送入电量 574.68 亿千瓦时,占全社会用电量 22%,对长距离架空线柔性直流输电技术的发展不可忽视。

(2)特高压输电

特高压输电是在超高压输电的基础上发展而来的,其目的仍是继续提高输电能力,实现大功率的中、远距离输电,以及实现远距离的电力系统互联,建成联合电力系统[8]。特高压输电技术主要解决线路过电压与绝缘问题。特高压输电线路的充电功率大,线路较长,如不采取有效措施,其工频暂时过电压会很高。在线路两端装并联高压电抗器是限制工频暂时过电压的有效措施。由于特高压交流输电线路长度增加,操作过电压水平也相应增高。为限制操作过电压,可采取以下两种措施:一方面可通过在线路中设开关站将线路分段,可使操作过电压水平明显降低;另一方面断路器加装合适阻值的分合闸电阻,进一步限制合闸过电压与分闸过电压至较低水平。

特高压交流输电线路潜供电流大,恢复电压较高,潜供电弧难以熄灭,直接影响到单相重合闸无电流间歇时间和成功率。采用高抗中性点小电抗可有效限制潜供电流,无须装设高速接地开关。

(3)大电网安全控制技术

当前,中国特高压交直流混联电网规模不断扩大,电网运行特性发生改变,电网调度控制面临新的挑战。越是复杂的系统,其安全运行的潜在威胁就越多,安全稳定运行问题就愈加尖锐,当局部扰动时引发大规模停电事故的可能性就越大。因此,需要大电网安全控制技术对电网进行实时控制,实现对庞大复杂电网的降维控制,更好地维护电网的安全稳定运行。大电网安全控制技术主要包括多断面潮流控制技术与无功电压自动调整技术。多断面潮流控制技术通过对关键输电断面的快速识别与潮流控制,实现对复杂大电网潮流的迅速解析、快速调节[9];无功电压自动调整技术通过对原始潮流数据进行分析计算,通过离线数据集对实际异常点进行补偿,保障各节点电压在计划范围之内。

(4)配电自动化

配电自动化是指以配电网一次网架和设备为基础,综合利用计算机、信息及通信等技术,并通过与相关应用系统的信息集成,实现对配电网的监测、控制和快速故障隔离,为配电管理系统提供实时数据支撑[10]。在配电自动化方式/系统/机制下,可实现区域/配电网的快速故障处理,提高供电可靠性;通过优化运行方式,改善供电质量、提升电网运营效率和效益。随着计算机技术的发展,加上在远程监控装置、智能终端装置基础上开发的地理信息系统(GIS)等,形成了集合 SCADA 系统、配电 GIS、设备管理、仿真调度、故障呼叫、电能管理等一系列功能的综合配电系统。配电自动化作为智能配电网发展的重要组成部分,是提高供电可靠性、提升优质服务水平以及提高配电网精益化管理水平的重要手段,是配电网现代化、智能化发展的必然趋势。

(5)微电网

微电网也称微网(图 5-2),是相对传统大电网概念的一种新型网络结构,指通过分布式电源、储能系统、控制装置和区域内负荷构成的小规模分散独立电力系统[11]。微电网具有自治性,能够实现自我控制、保护和管理,

图 5-2　微电网示意图

图源网址:http://www.cable123.cn/news/show.php? itemid=4016

可孤立运行,也可通过静态开关关联至常规电网,与外部电网并网运行。

微电网技术是电力系统技术领域中的前沿技术,涵盖微电网规划设计、新能源发电、储能、高质量控制与经济优化运行、微电网安全与保护等多方面内容。

1)微电网规划设计技术。微电网的规划设计是开发应用微电网系统的第一步,主要涵盖具有能源互补特性的多种混合分布式电源组合类型和分布式电源的选择、系统运行方式、优化目标、运行策略与约束条件、优化算法以及系统网络结构设计等关键内容。

2)新能源发电技术。主要包括光伏、风力、小型水力、生物质能、潮汐、天然气等多种成熟发电技术。

3)微电网储能技术。该技术在微电网中能够有效缓解分布式可再生能源出力的波动性和随机性问题,实现分布式可再生能源的高效利用。储能技术主要有蓄电池储能、飞轮储能、超导磁储能、超级电容器储能技术等。目前,高成本储能设备制约了微电网的高速发展,世界各国都在攻关,目标是实现低成本和高储能。

4)微电网运行控制技术。该技术能完成单元级的分布式电源和系统级的微电网两个层级控制并能实现两个层级的优化协调,是确保微电网安全稳定、经济可靠运行的关键技术。微电网的运行控制技术主要包括微电网的运行控制策略、运行控制模式、各分布式电源的控制方法(包含逆变控制)以及多分布式电源间的协调控制方法等关键技术。

5)微电网安全保护技术。它是指微电网发生故障时能够快速识别、定位及切除故障并恢复系统安全稳定运行的一种关键技术。并网运行模式的故障包括微电网外部故障与内部故障两大类型,保护技术能自动识别故障类型的不同,启动相应安全保护策略来消除故障;独立运行模式的故障主要涉及电源故障与馈线故障,保护系统可采用电源保护或馈线保护方法解决故障问题。

6)微电网的经济运行优化技术。它是实现和保证微电网系统经济效益和环境效益的关键技术。要实现微电网的经济优化运行,必须以提高微电网系统经济效益和环境效益为核心指标,在微电网的运行方式、运行约束条件、调度优化目标、调度优化策略、优化算法等方面下功夫,只有这样才能在满足负荷供电质量和供电可靠性的基础上,实现分布式清洁能源高效利用、减少温室气体排放和降低系统电力成本。

海岛远离大电网,采用微电网技术可以解决这些地区的供电和环境污染问题。台州地处浙江沿海地区,有着许多海岛,微电网技术的发展和应用可以解决海岛供电问题。另外,微网与外部电网并网时可以起到调节负荷的作用,优化电能质量。比如浙江东福山岛微电网属于孤岛发电系统,采用可再生清洁能源为主电源、柴油发电为辅的供电模式,为岛上居民负荷和一套日处理 50 吨的海水淡化系统供电。工程配置 100 kWp 光伏、210 kW 风电、200 kW 柴油机和 960 kWh 铅酸交替蓄电池,总装机容量 510 kW,接入 0.4 kV 电压等级。依靠在柴油发电机运行模式和 PCS(Power Conversion System)运行模式之间切换以实现循环运行。

5.2　电力物联网技术

2019 年,国务院发布《长江三角洲区域一体化发展规划纲要》,提出推动互联网新技术与产业融合,发展平台经济、共享经济、体验经济,加快形成经济发展新动能;加强大数据、云计算、区块链、人工智能、卫星导航等新技术研发应用,支持龙头企业联合科研机构建立长三角人工智能等新型研发平台,鼓励有条件的城市开展新一代人工智能应用示范和创新发展,打造全国重要的创新型经济发展高地。有关部门相继出台了《中国制造 2025》《"互联网＋"行动计划》《"十三五"国家信息化规划》《云计算发展三年行动计划》《大数据产业发展规划》《新一代人工智能发展规划》等多项涉及新技术发展的政策、行动计划和指导意见。按照国网规划,到 2021 年初步建成电力物联网,基本实现业务协同和数据贯通,初步实现统一物联管理,各级智慧能源综合服务平台具备基本功能;到 2024 年建成电力物联网,全面实现业务协同、数据贯通和物联管理,全面形成共建共治共享的能源互联网生态圈。而电力物联网离不开移动互联、人工智能、物联网、大数据、云计算等现代信息技术的综合运用。

5.2.1　电力大数据

随着智能电网建设的不断推进,智能电网的规模日益扩大,各种智能电表、传感器、信息系统等异构分布式数据源持续不断地产生海量数据,其中在发电、配电、输电、营销及管理等各个环节产生的大量数据构成了电力大数据的主体部分。当前,电网大数据大致分为三类:一是电力企业生产数据,如发电量、电压稳定性等方面的数据;二是电力企业运营数据,如交易电价、售电量、用电客户等方面的数据;三是电力企业管理数据,如一体化平台、协同办公等方面的数据。以上三类数据借由分布式文件系统实现有效存储管理,借由分布式数据库实现海量电网数据的高速检索[12]。

在电力大数据背景下,传统的串行计算方法难以在可接受的时间范围内完成大数据的计算处理,因此,需借助多种分布式计算模式如高实时性低延迟要求的流式计算、具有复杂数据关系的图计算、面向基本数据管理的查询分析类计算,以及面向复杂数据分析挖掘的迭代和交互式分析计算等方法来满足大数据计算处理的要求[13]。在解决大数据的分布式存储和并行化计算问题的基础上,为了解决实际的大数据分析应用问题,还需要基于大数据并行计算框架设计开发一系列大数据分析算法及各种综合性分析模型和分析算法,包括基础性机器学习与数据挖掘并行化算法,以及各种综合性复杂分析并行化算法。基于大数据的存储、计算、分析等主要技术,可构建针对电力领域的大数据分析应用系统或解决方案,如用于台区拓扑与相位识别、用户电量分析等[14]。目前基于大数据的子应用已十分丰富,以下简要介绍几个。

(1)基于大数据技术的电力负荷精准预测分析

1)借助大数据、云计算、数据挖掘等技术构建合适的负荷预测模型,在模型基础上,根据历史负荷与气象预报实现单个用户的负荷预测,加以累加可得到任意区域、自定义行业的负荷值,从而实现精准短期负荷预测;

2)建立符合母线规律的综合模型,经过数据预处理、母线特性分类、预测算法的实现,实现母线短期负荷预测;

3)通过分析业扩与电量之间的关系,预测业扩所导致的电量增长,实现基于用电大数据的中长期负荷预测。

(2)配网设备大数据分析

传统的变压器状态评价以人工经验分析为主,故障线索来源存在信息孤岛等缺点,无法构建立体化、多层次、多视角的设备全景画像和各种数据相结合的综合状态评价分析。配网设备大数据滑行分析应用营销系统、用电信息采集系统、PMS、调度的档案信息和数据,利用大数据技术建立配电变压器状态分析评估模型,可对变压器进行实时状态分析和故障精准研判,从而实现变压器管理分析系统由从信息孤岛向多源信息平台融合的转变[15]。

(3)配网故障抢修精益化管理

配电网故障抢修管理是智能电网建设的重要组成部分,电力公司对故障抢修管理体系也完成了规范和统一规划。通过精益管理,可完善配网抢修机制,缩短故障复电实践,提高可靠性水平,提升客户满意度,解决目前抢修资源不足、综合成本普遍偏高的问题。利用大数据平台技术,结合流计算进行故障工单数据级过程数据实时接入和计算处理,展示当前配网故障发生的实时情况;对故障抢修进行分类,将故障抢修影响因素相似的抢修工单进行聚类,计算抢修环节的标准用时,将实际用时与标准用时进行比对,建立故障抢修效率分析与评估模型,实现配网故障抢修的精益化管理。

除以上应用外,电力大数据应用还包括配变负荷特性分析、配变过载风险预警分析、配网低电压在线监测分析、基于数据驱动的防窃电预警分析等。

5.2.2　云计算技术

随着新能源技术不断发展，台州具有丰富的自然资源，太阳能、风能资源丰富，因此分布式电网已经成了一种普遍存在的现象。电网结构复杂性逐渐提升，对在线检测技术与在线整顿技术的要求也不断提升。电力信息化建设过程中运用云计算，能够弥补计算人员计算能力不足的缺陷，能够使电力系统建设满足信息化发展趋势，能够全面提升数据计算的精准度。提供资源的网络被称为"云"，"云"中的资源在使用者看来是可以无限扩展的，并且可以随时获取，按需使用，随时扩展，按使用付费。云计算是分布式计算、并行计算和网格计算的发展，或者说是这些计算机科学概念的商业实现[16]。狭义云计算是指 IT 基础设施的交付和使用模式，指通过网络以按需、易扩展的方式获得所需的资源（硬件、平台、软件）。广义云计算是指服务的交付和使用模式，指通过网络以按需、易扩展的方式获得所需的服务。这种服务可以是 IT 和软件、互联网相关的，也可以是其他任意的服务。云计算在具体实施中涉及的关键技术如下[17]。

（1）虚拟化技术

在 IT 领域，虚拟化技术用于对计算机物理资源进行抽象，可使多个操作系统在计算机上同时运行，每个操作系统及应用构成一个虚拟机，所有虚拟机共享计算机（物理主机）硬件资源。由于云计算将数据中心 IT 资源虚拟化成虚拟资源池，因此虚拟化技术被广泛用于云计算。

（2）数据存储和管理技术

云计算采用大量分布的存储单元存储海量数据，通过虚拟化技术、冗余存储等方式保证数据的低成本、高性能及高可用性。当前，采用数据存储技术的系统主要有 Google 的 Google 文件系统、Hadoop 团队所开发的 Hadoop 分布式文件系统。

（3）Web 服务与 SOA

云计算服务分为数据密集型服务和 Web 服务两类。面向服务的构架（Service-Oriented Architecture，SOA）将应用程序不同功能单元（服务）通过这些服务间定义的接口联系起来。对云计算 Web 服务而言，使用 SOA

架构可将 SOA 扩展到企业防火墙以外并延伸到云计算提供商,以获得 SOA 监控、范围延伸等优势。

(4)并行编程模型

Web 2.0 的诞生使互联网信息呈几何式增长,如搜索引擎、在线处理等系统处理的网络数据规模越来越大。因此,云计算提供编程模型应该简单化,以便编程人员能充分利用云计算提供资源。Map/Reduce 编程模型是一个具有良好性能的并行处理模型。当前,Google 公司使用 Map/Reduce 编程模型发挥 Google 文件系统集群性能。

云计算技术在未来电网中的应用主要包括以下几方面。

1)基于分布式计算的安全分析

时域仿真是电力系统暂态稳定分析的重要途径之一。然而,对于大规模电力系统而言,时域仿真的计算量很大,因此,目前尚只能应用于离线分析。针对该问题,许多专家提出了多种基于并行和分布式技术的暂态稳定时域仿真算法。

另一个适于应用云计算的是概率小干扰稳定分析。传统的小干扰稳定分析一般是确定性的,这与电力系统运行所固有的随机性是矛盾的。在 MonteCarlo 仿真中,每一轮仿真是相互独立的,把问题分解为大量子问题,从而可以充分利用云计算平台的并行计算能力[18]。

2)基于云计算的概率潮流与最优潮流计算

概率潮流是考虑电力系统运行不确定性的重要工具。与概率稳定问题相似,MonteCarlo 仿真也可以应用于概率潮流之中。考虑到应用于大系统时 MonteCarlo 仿真的计算量很大,概率潮流也是云计算可以应用的问题之一。

3)基于网格的系统恢复

基于网格的电力系统恢复方法,可以在电力系统恢复过程中促进不同参与者之间的信息共享和协作,并利用分布式计算提高计算效率。采用云计算作为电力系统所有成员共享的计算平台,可以更好地促进信息共享和协作,其计算能力也有助于找到复杂互联系统的最优恢复方案。

4)基于云计算平台的监控和调度

采用统一的电力系统云计算平台可以促进各分布式控制中心的信息共

享和协作[19]。对大量的小容量分布式电源的监视和控制将成为未来电力系统面临的一个难题。由于未来电力系统中分布式电源的数量可能很大,系统调度和运行控制的计算量将会明显增加,利用云计算则可以较好地解决计算能力不足的问题。云计算很强的可扩展性也有利于随时根据电力系统的规模动态增强计算能力。利用云计算的信息处理能力有助于实现包括配电系统在内的大范围实时监控和信息采集。

5)基于分布式计算的可靠性评估

传统的电力系统可靠性评估一般采用确定性方法,且通常考虑系统最坏的情况,这就导致较为保守的评估结果和偏高的运行成本。分布式计算方法可以大大提高 MonteCarlo 仿真过程的计算速度。利用云计算可望进一步提高概率可靠性分析的计算速度,以适应系统规模不断扩大所带来的挑战。

5.2.3　物联网

物联网是一个实现电网基础设施、人员及所在环境识别、感知、互联与控制的网络系统(图 5-3)。其实质是实现各种信息传感设备与通信信息资源(互联网、电信网、电力通信专网)的结合,从而形成具有自我标识、动态感知、按需融合、实时交互和智能处理、安全经济的物理实体[20]。实体之间的协同和互动,使得有关物体相互感知、高度协同和反馈控制,形成一个更加智能的电力生产、生活体系。物联网融合了传感、通信、自动化等多项技术,

图 5-3　物联网

其基本特征为全面感知、可靠传递与智能处理。

　　物联网技术体系如图 5-4 所示。感知标识技术是支撑物联网应用的基础,实现物理世界发生的物理事件和数据的感知识别,主要包括智能传感器、无线射频识别(RFID,Radio Frequency Identification)、二维码、电子代码(EPC,Electronic Product Code)、Rubee 等技术;通信网络技术则是实现感知识别信息的高可靠性和安全性的传输,网络包括了传感器网络、无线自组织网络(Ad-hoc)、以互联网协议版本 6(IPv 6)为核心的下一代网络等;通信技术包括了无线保真(WiFi)、近场通信(NFC,Near Field Communication)、超宽带(UWB,Ultra Wide Band)、Zigbee、蓝牙、全球微波互联接入(WiMAX)、通用无线分组业务(GPRS,General Packet Radio Service)、3G 等[21]。物联网大规模应用后,面临着海量信息的融合、存储、挖掘、知识发现等重大挑战。信息处理技术方面,研究以"云计算"为代表的信息处理技术将是物联网海量信息高效利用的核心支撑。

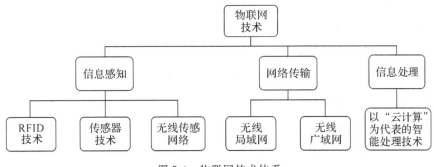

图 5-4　物联网技术体系

　　(1)信息感知技术

　　1)RFID 技术。RFID 是 20 世纪 90 年代兴起的一种非接触式的自动识别技术,识别过程无须人工干预,利用射频信号通过空间耦合实现信息的无接触传递,并通过所传递信息达到识别的目的。RFID 可工作于各种恶劣环境,可识别高速运动的物体,并可以同时识别多个物体,操作快捷方便。要实现物与物、物与人之间的对话交互,物就得跟人一样需要一个合法的身份。要实现物理世界物体身份的合法化,RFID 技术是关键[22]。

　　2)传感器技术。传感器是一种检测装置,能感受到被测量的信息,并能将检测和感受到的信息按照一定的规律变换成所需形式的信息输出,以满足信息的传输、处理和存储等控制要求。伴随着微电子技术、半导体技术和生物技术的发展,现代传感器正朝着多功能、集成化、智能化、网络化等方向发展。

3)无线传感网络。无线传感器网络技术是利用微集成化的微型传感器协作地实现感知、采集和监控对象或环境的信息,用微处理器对信息进行处理,并通过自组织无线通信网络以多跳中继的方式传送,将网络化信息获取和信息融合技术相结合,使终端用户得到需要的信息。它是下一代的传感器网络,是一种独立出现的计算机网络。它的基本单位是节点,这些节点集成了传感器、微处理器、无线接口和电源这四个模块。

(2)网络传输手段

1)无线局域网。针对面向普适服务的物联网背景,无线局域网(Wireless Local Area Network,WLAN)在灵活性、可移动性和可扩容性具有显著优势,能使人们享受到简单、方便、快捷的链接。目前,无线局域网采用的传输媒体主要有两种:微波和红外。采用微波作为传输媒体的无线局域网依调制方式不同,又可分为扩展频谱方式和窄带调制方式。无线局域网与有线主干网构成移动计算网络。这种网络传输速率高、覆盖面大,是一种可传输多媒体信息的个人通信网络。

2)无线广域网。无线广域网(Wireless Wide Area Network,WWAN)是采用无线通信网络把物理距离极为分散的局域网连接起来的通信方式。连接的地理范围较大,其目的是让分布较远的各局域网互联。它的结构分为末端系统(两端的用户集合)和通信系统(中间链路)两部分。

(3)智能处理应用

1)基于物联网的新能源发电监测技术。在发电及储能环节,基于物联网的新能源发电监测技术可实现对抽水蓄能电站的机组运行状态监测、电气参数监测、坝体监测、站区污染物及气体监测、脱硫监测、储能监控等[23];在风电场及光伏发电站等新能源接入方面,可实现对分布式场站区域内风力、风能、风速、风向的监测,光照强度、光源可利用时间数的监测,微气象地理区域环境中温度、湿度、气压、降雨、辐射、覆冰等要素的实时采集,从而实现对新能源发电厂的自动监测、功率预测和智能控制,提升机网协调水平和资源优化配置,保障能源基地安全稳定经济运行。

2)基于物联网的输电线路实时监控技术。物联网技术在输电环节主要应用于输电线路覆冰、微风振动、舞动、风偏、弧垂及杆塔应力监测;对导线温度等参数的在线监测及载流量动态增容、预警;对绝缘子串风偏、污秽、盐密等的监测;对线路防盗、杆塔倾斜、基础滑移、接地腐蚀的实时监控等,从而为输电线路故障定位和自动诊断提供技术支撑,为线路生产管理及运行维护提供信息化、数字化的共享数据,最终保证输电线路的安全、高效、智能化巡视,提高输电可靠性和安全性。

3)基于物联网的智能变电站技术。智能变电站是坚强智能电网的重要组成部分,自动协同控制是变电站智能化的关键,设备信息数字化、检修状态化是发展方向,而运维高效化是最终目标。物联网技术可用于变电站设备的电气、机械、运行信息的实时监测、诊断和辅助决策,尤其可利用传感设备对变压器进行油气检测,判断其健康状态和运行情况;利用无线传感、遥测及三维虚拟技术实现对变电站的防护入侵检测;还可将电子标识技术与工作票制度相结合,实现变电站智能巡检、作业安全管理和调度指挥互动化,促进无人值守数字化变电站的发展。

4)基于物联网的配电自动化及状态检测技术。配电网是电力系统中的重要组成部分,具有设备量多、分布广泛、系统复杂等特点,目前我国仍存在配电网网架薄弱、通信难于覆盖等问题。在配电环节,物联网技术可应用于配电网自动化、配电网线路及设备状态监测、预警与检修、配电网现场作业管理、配电网智能巡检、应急通信、关口计量与负荷监控管理、分布式能源与充电站等设施监控等方面,以加强对配电网的集中监测,优化运行控制与管理,达到高可靠性、高质量供电,降低损耗的目的[24]。

5)基于物联网的智能用电与信息交互技术。物联网技术主要以智能用电与互动化技术为导向,以双向、高速、安全的数据通信网络为支撑,应用于智能用电服务、用电信息采集、智能大客户服务、电动汽车充换电、智能营业厅、需求侧管理与能效评估、绿色机房环境管理及动力环境监控等方面,以实现电网的灵活接入、即插即用及其与客户的双向互动,提高供电可靠性与用电效率,提升供电企业服务水平,为国家节能减排战略提供技术保障。

5.2.4 移动互联网

中国工业和信息化部电信研究院在《移动互联网白皮书》指出,移动互联网是以移动网络作为接入网络的互联网及服务,它包括三个要素:移动终端、移动网络和应用服务。

随着电力系统智能化的发展和移动通信技术的突飞猛进,电力部门很多业务从传统的驻点式转变为移动式、智能式。通过移动终端完成电力现场校验工作,能够有效节省了人力资源和物力资源,提高电力部门的工作效率,保证电力系统正常运行和供电质量。在网络通信方面,继 4G 技术后,5G 技术由于其高效的通信能力与网络连接能力,成为信息通信网络转型期的一项关键技术。5G 技术支持 10 Gbit/s 级下行传输带宽,支持千亿数量级的设备超低延时连接,因此,5G 技术也对电力物联网产生了深远影响,使终端用户与各种电力设备之间能够零距离接触,有效解决目前传输效率不够高的问题。高效的移动互联网络的接入,进一步提升了电力系统的传输效率,对电力系统负荷精准控制、电网故障快速定位、分布式电源灵活调度等都有明显帮助。

在应用服务方面,移动终端的广泛普及,一方面对于电力用户,电力网上营业厅的普及使得许多用户能直接在移动终端上进行操作,节约了大量的人力物力,优化了用户体验;另一方面,对于电网本身,移动巡检、移动通信控制等应用方式极大地提高了工作效率,现场人员通过手机 APP,辅助以智能图像识别技术、智能语音识别技术,对电网设备进行信息"全数据、全采集",包括各检查项的文字信息、不同角度的高清图片、由现场作业人员采录的语音信息等一并收录,既提高了工作效率,又为档案查询提供根据。

5.2.5 人工智能

人工智能主要是探讨如何运用计算机模仿人脑所从事的推理、证明、识别、理解、设计、学习、思考、规划以及问题求解等思维活动,并以此解决如咨询、诊断、预测、规划等需要人类专家才能处理的复杂问题,即研究人类智能活动的规律[25]。从场景应用的角度,将人工智能研究体系划分为基础计算、机器感知、机器思维三个层次。

基础计算包括人工智能的硬件、算法和框架等,主要依托基础框架层的深度研究;机器感知包括计算机视觉、自然语言处理等技术;机器思维包括人机交互、AR/VR 等技术[26]。人工智能在未来电网中的应用主要如图 5-5 所示。

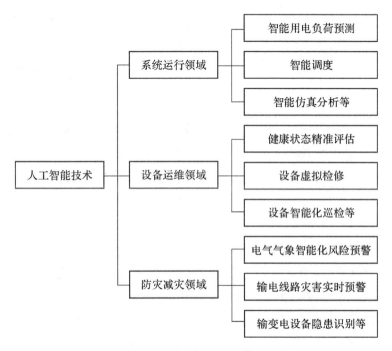

图 5-5　人工智能应用体系

(1)系统运行领域

1)基于人工智能的智能用电负荷预测。通过挖掘有功频率、无功电压时空分布特性,综合外部环境、运行方式等因素,实现电网有功、无功负荷预测。建立用电预测模型,准确预测区域、时段用电需求和用电供需峰值,合理调配电力,保障供需平衡[27]。

2)基于人工智能的电网调控业务智能化。全面、准确地掌控当前电网状态和发展趋势,实现发电计划、调度运行操作、自动控制智能化,减轻调度人员的劳动强度并保证工作效率[28]。智能调度应用体系如图 5-6 所示。

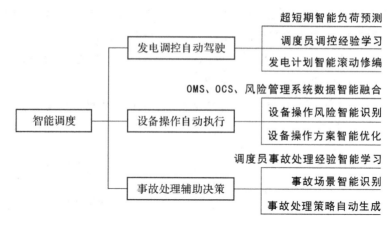

图 5-6　智能调度应用体系

3）电力系统智能仿真分析。提出线路参数辨识方法，构建潮流智能计算模型，实现电力系统非迭代式快速潮流计算方法，从全局掌握电网运行特性。

①基于对环境识别、内外部复杂条件的认知。提取电网稳定特征，实现对电网、稳定运行方式和有效措施的快速判断。

②基于大数据和深度学习的故障智能预测、辨识及控制。利用大数据分析及深度学习技术，结合电网故障预测概率模型、故障判据库、智能控制策略库，实现交直流混联电网运行故障预测、辨识和智能控制。

③智能站域保护及故障预警。借助继电保护领域信息采集、站域保护优化、故障定位与分析方面的先进技术，实现继电保护多维信息采集应用、站域保护优化提升、故障准确定位与快速分析诊断，支撑调度决策，保障电网安全。

④新能源全额消纳与优化发电。研究影响新能源全额消纳能力的关键因素，建立新能源厂站发电产能优化模型，实现发电侧负荷侧优化控制、智能协调、协同互动，提高新能源消纳能力以及电网接入新能源发电的适应性和安全稳定控制能力。

（2）设备运维领域

1）设备健康状况准确评估。利用人工智能技术，综合应用机器人、无人机等智能载体，实现设备健康状况和潜在缺陷的高效检测、识别与准确分析、评估,及时发现安全隐患,提高设备智能化运维水平[29]。

2)设备状态评价。基于人工智能技术,开展设备状态实时自动监测,实现设备资产数据分析与状态关键参数提取,对设备健康状况进行全方位、多视角评价与风险预警,实现设备故障智能研判、准确定位与主动预警,提高设备运检效率与辅助决策能力,提升资产全生命周期管理水平。

3)设备虚拟检修。利用智能仿真和虚拟现实、增强现实技术,搭配智能可穿戴设备,为输变电设备检修提供过程预演仿真、对象辅助识别,确保设备检修工作有序、高效开展,提升现场检修辅助决策能力。

4)设备智能化巡检。利用机器人与后端高性能平台交互,综合利用直升机、机器人、无人机和遥感卫星等,构建三维全景模型,基于视觉同步定位与建图(Simultaneous Localization and Mapping,SLAM)技术,优化巡检路径和重点排查区域。采用多模态信息检测技术,实现多传感器信息融合,根据采集的输变电设备与线路数据,形成特征及缺陷样本库。建立设备缺陷辨识模型,利用深度学习技术,准确识别输变电设备缺陷和输电通道潜在风险,建立智能化立体巡检体系。

(3)防灾减灾领域

1)提升灾害预警、应急决策与处置控制能力。结合历史灾害记录与电力气象数据,提升电网潜在灾害预报预警水平;利用人工智能技术,及时发现设备、线路隐患。台州地处浙江沿海地区,受台风灾害影响严重,人工智能技术在未来电网中的应用可以有效减小台风带来的灾害。

2)基于大数据与机器学习的电力气象智能化风险预警。基于天气历史数据和极端灾害天气历史记录,通过数据挖掘、规则学习,实现天气趋势由于极端灾害天气智能预测,提升灾害天气预报报警水平。

3)输电线路灾害实时预警。针对输电线路走廊跨度大、覆盖范围广、线路环境复杂等特点,对输电线路状况开展实时监测,实现线路灾害实时预警与应急决策,提高线路精益化管理水平。

4)基于数据挖掘的输变电设备隐患识别。结合主要隐患事故记录,开展事故隐患与相关因素关联关系挖掘,及时发现潜在隐患,突破智能预警精度不足难题,提升设备、线路防灾抗灾能力。

5.2.6 区块链

区块链技术是一种公开透明的、去中心化的数据库[30]。公开透明体现在该数据库是被所有的网络节点共享的，并且由数据库的运营者进行更新，同时也受到监管；去中心化则体现在该数据库可以看作是一张巨大的可交互电子表格，所有参与者都可以进行访问和更新，并确认其中的数据是真实可靠的。

能源互联网作为多种能源融合、信息物理融合、多元市场融合的"互联网＋"智慧能源产物，也受到学术界和工业界的广泛关注。区块链技术本身就在革新传统的互联网格局与模式，以保障信任为核心，促进交易、认证等多方面高效运行。同样地，区块链技术也将在能源互联网时代促进多形式能源、各参与主体的协同，促进信息与物理系统的进一步融合，实现交易的多元化和低成本化[31]。

（1）基于区块链技术的发电调度系统

能源生产在原有集中式常规机组和大规模新能源发电的基础上，将接入更多的分布式新能源，系统调度运行也将逐步从集中式走向分布式。区块链技术具有去中心化的特点，采用基于区块链的调度系统能够实时共享电力系统各节点的电力供需信息以及实时价格，各机组根据区块链的共享信息自主确定发电出力，从而实现生态化的调度运行。

（2）基于区块链技术的统一状态估计平台

在网侧，载有大量的能量流和信息流。在能量流方面，需要对通过网络传输的能量进行准确的计量，还要保证能量流的合理分布以保障能源系统的安全稳定；在信息流方面，需要保证系统状态信息的可靠性，并能够综合各种信息对全局能源系统进行评估。区块链技术通过保证信息的可靠性和透明性，能够对能量流和信息流进行可靠计量。例如，开发基于区块链的多网络（电网、气网、热网）的状态估计平台，对其进行检测和估计。区块链技术通过打破网络之间的隔阂，采用统一的能量计量手段，多能源系统协同消除网络阻塞。成熟的状态估计平台还能够为物理输电权以及金融输电权的交易提供便利。

（3）基于区块链技术的电力服务平台

在荷端，未来电网中，负荷形式呈现多样化，分布式新能源、用户需求响应、电动汽车等新型负荷参与其中，而不同类型负荷具有不同的用电行为和调节能力；另一方面售电侧市场逐步建立，用户从接受电网单一垄断价格变为自主选择售电公司供电，另外用户还可以调节自身用电行为，参与到不同的能源市场[32]。区块链技术在交易和计量方面的独特优势能够促进负荷侧深度参与到与能源系统的互动中。借助区块链技术建立透明可靠的综合电力服务平台，对供电商信用进行认证，为用户自由切换能源供应商与服务结算提供帮助。

（4）基于区块链技术的辅助服务市场交易

分布式的储能系统和集中的大规模储能系统将在未来电力系统的调峰、调频等方面具有重要作用[33]。区块链的信息透明机制能够促进储能对整个能源系统的贡献，进行合理透明的计量和认证，充分调动分散式和集中式的储能参与市场积极性，为能源系统高效清洁的运行提供辅助服务，并获得相应的回报。例如，基于区块链技术的共享储能是将所有储能装置视为一个整体，彼此之间通过不同层级的电力装置相互联系、协调控制、整体管控，共同为某一区域范围内的新能源电站和电网提供电力辅助服务，有效提高新能源电站的消纳能力，为新能源电站和区域电网提供更加坚强的支撑能力，保证新能源电站和电网系统运行更加稳定，缓解大规模新能源的弃风、弃光问题，支撑电网稳定运行，同时也可大大降低储能的投入成本，实现储能装置的经济效应最大化。

（5）虚拟发电资源交易区块链

随着能源互联网的发展，众多分布式电源，如分布式风电、分布式光伏发电等，将并入大电网运行，但其容量小，并且出力有间断性和随机性。通过虚拟电厂广泛聚合分布式能源、需求响应、分布式储能等进行集中管理、统一调度，进而实现不同虚拟发电资源的协同，是实现分布式能源消纳的重要途径。区块链能够为虚拟发电资源的交易提供成本低廉、公开透明的系统平台。具体而言，基于区块链系统建立虚拟发电厂信息平台和虚拟发电资源市场交易平台，虚拟发电厂与虚拟发电资源可以在信息平台上进行双向选择。每当虚拟发电资源确定加入某虚拟电厂中时，区块链系统将为两者之间达成的协议自动生成智能合约。同时,每个虚拟发电资源对整个能源系统的贡献率即工作量大小的认证是公开透明的,能够进行合理的计量和认证,激发用户、分布式能源等参与到虚拟发电资源的运作中去。在区块链市场交易平台中,虚拟电厂之间以及虚拟电厂和普通用户之间的交易,可以通过智能合约的形式达成长期购电协议,也可以在交易平台上进行实时买卖。

(6)多能源系统协同运行区块链

多能源系统融合是能源互联网的重要特征,传统能源系统中电力、热力、燃气等能源系统均处于各自分立运行的状态,而未来能源互联网中,各能源系统在生产、转换、储备、运输、调度、控制、管理、使用等环节紧密融合与协同优化,形成有机的整体。各种能源能够通过能量转换设备实现在不同物理系统中的灵活流动,实现能量的灵活存储与梯级利用,能够显著提高能源的转化与利用效率。区块链能够为多能源系统提供一个去中心化的系统平台[34]。具体而言,采用区块链记录不同能源系统的实时生产信息及其成本,存在跨能源类型的市场时,可记录多个能源系统之间的交易及其价格信息,在此基础上实时生成各地区各类能源的边际价格(例如节点电价、节点气价、节点热价);不同能源系统可以通过区块链中的边际价格信息对自身系统的运行进行优化,或通过签署智能合约,根据边际价格信息执行自动调度指令,并且根据边际价格信息进行能量费用结算。

5.2.7 高效负荷技术——荷

(1)电能替代技术

电能替代,主要是指通过在能源消耗环节中利用电能代替燃油、燃煤等化石燃料,从而转变能源消耗方式[35]。电能的终端利用效率在90%以上,其经济效率是石油的3.2倍、煤炭的17.27倍,故以电为核心来实现负荷侧的电能替代,将对控制能源消费总量、缓解能源强度作出重大贡献。电能替代技术主要包括地源热泵、冷热电三联供、新能源汽车等高效用能技术。地源热泵是以岩土体、地层土壤、地下水或地表水为低温热源,由水地源热泵机组、地热能交换系统、建筑物内系统组成的供热中央空调系统,可以有效克服气源热泵热源热容量小,温度不稳定,受环境气温的影响较大,不容易获得稳定的运行工况等缺点。冷热电三联供技术是指以天然气为主要燃料带动燃气轮机、微燃机或内燃机发电机等燃气发电设备运行,产生的电力供应用户的电力需求,系统发电后排出的余热通过余热回收利用设备(余热锅炉或者余热直燃机等)向用户供热、供冷。通过这种技术能有效提高整个系统的一次能源利用率,实现了能源的梯级利用,还可以提供并网电力作能源互补,有效增加整个系统的经济收益及效率。电动汽车技术指以车载电源为动力的车辆,分为纯电动汽车、混合动力汽车、燃料电池汽车。电动汽车一方面以电能做能源,一定程度上优化了能源结构;另一方面也可以看成电网之中的微型储能单元,为电网稳定性提升作出贡献。

(2)需求响应技术

需求响应技术指电力用户根据价格信号或激励机制作出响应,改变固有习惯用电模式的行为[36]。实施需求响应项目的重要环节在于电力用户对电力公司激励措施的响应行为,以及电力用户调整自身用电方式所引起的负荷特性变化,而这种响应行为的方式与强度取决于用户自身的响应特性。需求响应措施按照用户不同的响应方式可划分为两种类型:基于价格的需求响应和基于激励的需求响应。需求响应通过负荷调整来参与电力市场运行,提高了系统和资源的使用效率,对电力工业和经济发展以及环保有着重要的战略作用。一方面将需求响应引入竞争市场,增加需求侧在市场中的作用,使市场竞争更为有效,价格更为合理,能有效促进电力市场的良性发展;另一方面,大规模风电的随机性和波动性给电网调度带来巨大困难,利用用户侧需求响应提高系统调峰能力,配合可再生能源发电运行,可以降低可再生能源发电的波动性带来的影响。随着电力现货市场的建立,也可通过实时电价机制引导用户在风电出力高峰时多用电,低谷时少用电,并结合一定数量的可控负荷和动态需求响应,使用户的负荷曲线与新能源发电出力互补,平缓新能源波动,减少系统运行负担,提高新能源的接纳能力。

5.2.8 先进储能技术——储

储能技术的应用将贯穿电力系统发电、输电、配电、用电的各个环节,可以缓解高峰负荷供电需求,提高现有电网设备的利用率和电网的运行效率;可以有效应对电网故障的发生,提高电能质量和用电效率,满足经济社会发展对优质、安全、可靠供电和高效用电的要求。未来电网中,储能技术主要包含电能存储技术与储能应用技术两类,简要示意图如图 5-7 所示。

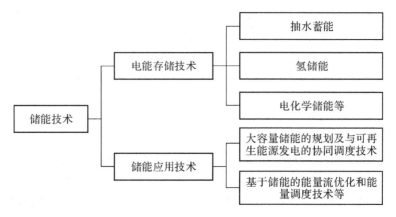

图 5-7 储能技术示意图

(1)电能存储技术

未来电网中存在大规模可再生能源发电送出和消纳、局域多能源系统灵活高效和经济运行、能源市场自由交易等应用需求。一些储能技术可实现大规模的能量存储,在广域能源的调配中发挥重要作用,还有一些储能技术灵活高效并与用户需求紧密结合,是局域多能源系统中的必要元件。以下简要介绍抽水蓄能、压缩空气储能、飞轮储能、氢储能等电能存储技术。

1)抽水蓄能

抽水蓄能电站通常由上水库、下水库和输水及发电系统组成,上下水库之间存在一定的落差。在电力负荷低谷时段把下水库的水抽到上水库内,以水力势能的形式蓄能;在负荷高峰时段,从上水库放水至下水库进行发电,将水力势能转换为电能。抽水蓄能技术相对成熟,设备寿命可达 30～40 年,功率和储能容量规模可以非常大,通常为 100～2000MW,仅受水库库容的限制。抽水蓄能在电力系统中可以起到调峰填谷、调频、调相、紧急事故备用、黑启动和为系统提供备用容量等多重作用[37]。抽水蓄能的最大局限性是受地理条件的限制,必须具有合适建造上下水库的地理条件。台州又被称为"山海水城",具有丰富的水力资源,且处于丘陵地区,非常适合抽水蓄能电站的发展。如天台九龙抽水蓄能电站,在 2018 年 9 月,被国家能源局列为浙江省 2025 水平年抽水蓄能选点规划调整推荐站点。

2)压缩空气储能

压缩空气储能系统是基于燃气轮机技术发展起来的一种能量存储系统,其工作原理是:当电力系统的用电处于低谷时,利用富余电量驱动空气压缩机,把能量以高压空气的形式存储起来;当用电负荷处于高峰时,将储气空间内的高压空气释放出来,驱动发电机发电[38]。根据压缩空气储能系统的热源不同及应用规模,可以分为:①传统使用天然气和利用地下洞穴的大型压缩空气储能电站,单台机组规模通常在 100MW 级及以上;②不使用天然气和地下洞穴的新型压缩空气储能系统,单台机组规模通常在 10MW 级及以下。根据压缩空气储能系统是否同其他热力循环系统耦合,可以将其分为压缩空气储能-燃气轮机耦合系统、压缩空气储能-燃气蒸汽联合循环耦合系统、压缩空气储能-内燃机耦合系统、压缩空气储能-制冷循环耦合系统等。

3)飞轮储能

飞轮储能的基本原理是把电能转换成旋转体(飞轮)的动能进行存储。在储能阶段,通过电动机拖动飞轮,使飞轮本体加速到一定的转速,将电能转化为动能;在能量释放阶段,飞轮减速,电动机作为发电机运行,将动能转化为电能。飞轮储能具有功率密度高、能量转换效率高、使用寿命长、对环境友好等优点,而缺点主要是储能能量密度低、自放电率较高。

4)氢储能

氢能利用涉及制氢、储氢、输氢、用氢 4 个环节。在制氢方面,天然气制氢、煤制氢是目前氢气工业生产的主要方式[39]。近年来国内外开展了利用新能源发电电解水制氢的小规模示范项目。在储氢环节,标准状态下的氢气能量密度仅为 8.4MJ/L，一般采用高压或低温液化方式存储，存在能耗大、安全性差等问题。固态材料储氢是最具前景的储氢技术，可分为物理吸附储氢和化学氢化物储氢两类。对输氢部分，利用现有的天然气管网，将新能源制氢混入天然气管道，是实现氢能输送的经济方法。最后在用氢部分，燃料电池利用电化学反应将氢能转换为电能。质子交换膜燃料电池（PEMFC）是当前燃料电池研究的重点，适用于车载发电系统和小型分布式电源系统。

5）电化学储能

电化学储能是通过化学反应将化学能和电能进行相互转换以存储能量的技术。电池是能量转换的主要载体。电化学储能作为电能存储方式的一个重要分支，其特点在于功率和能量可根据不同应用需求灵活配置，响应速度快，不受地理等外部条件的限制，目前研究得较多的主要有锂离子电池、钠硫电池、全钒液流电池、钠/氯化镍电池、铅酸电池、镍氢电池、锂硫电池、锂空气电池等，适合大规模应用和批量化生产。传统的电化学电池以铅酸电池为代表，具有 150 多年的发展和应用历史，是目前备用电源领域应用规模最大的电池类型，其技术和产业发展已非常成熟。

6）超导磁储能系统

超导磁储能系统是利用超导线圈通过变流器将电网能量以电磁能的形式存储起来，需要时再通过变流器将存储的能量转换并馈送给电网或其他电力装置的储能系统。超导磁储能系统主要组成单元包括超导储能磁体、低温系统、电力电子变流系统和监控保护系统。超导磁储能系统是一种利用超导体（线圈）直接存储电磁能的系统，在超导状态下超导线圈无焦耳热损耗，其电流密度比一般常规线圈高 1～2 个数量级，因此具有响应速度快、转换效率高（不小于 95％）、功率密度高等优点，可以实现与电力系统的实时大容量能量交换和功率补偿。

7）熔融盐蓄热储能

熔融盐蓄热储能是利用熔融盐使用温区大、比热容高、换热性能好等特点，通过传热工质和换热器加热熔融盐将热量存储起来，需要时再通过换热器、传热工质和动力泵等设备将存储的热量取出以供使用的储能方法。熔融盐蓄热储能主要应用在太阳能热发电系统中。

8)电动汽车储能

电动汽车产业的迅速发展和其充电站的不断建立,电动汽车势必对电网产生的影响。电动汽车中的动力电池可以看成一个个电网之中的微型储能单元。当动力电池进行充电时,电能从电网流向汽车;当汽车停在停车场或者家中时,动力电池中的部分能量又可以反馈给电网。

(2)储能应用技术

储能技术不仅建立了多种能源之间的耦合关系,更为能源互联网互动、开放、优化共享的机制和目标提供了必要的支撑。当前阶段储能在可再生能源发电场站、配电网、微电网、智能家居等智能电网场景中的示范为储能在能源互联网中的应用奠定了基础。未来电网对储能的应用提出了新需求,除储能本体研发外,还在储能的规划、设计、控制调度等应用关键技术开展深入研究。

1)大容量储能的规划及与可再生能源发电的协同调度技术

大规模化储能与可再生能源发电的协同规划与调度是实现电网级储能应用的两个关键问题。其中,储能的规划包括储能的选址、选型和容量配置几个层次的内容;储能的调度,涉及包含储能、新能源、常规电源、可控负荷在内的机组组合问题。在规划层面,通过储能的合理选型、布局和容量配置,实现发输电资源的协调配合和高效利用;在调度层面,合理安排储能系统的调峰调频和旋转备用容量,实现新能源本地和跨区域消纳[40]。

2)基于储能的能量流优化和能量调度技术

对于能量流优化问题,通常以系统能量消费总费用最低为目标,以各路径上的功率为控制对象,解决各元件生产或消耗功率的分配问题。对于能量优化调度管理,通常以一定时长内的系统总运行费用最低为目标,对各时段系统内的各元件的功率分配进行优化。这方面已有一定研究,多篇文献建立了包含储能的多能源系统能量流的优化调度模型。

5.3 未来电网关键技术多层级应用

融合坚强智能电网与电力物联网技术,建立起未来电网技术应用体系,为未来电网系统综合应用提供可靠指导。未来电网技术多层级应用体系如图 5-8 所示。

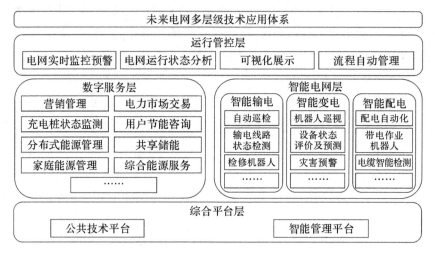

图 5-8 未来电网多层级技术应用体系

5.3.1 运行管控层

（1）电网实时监控预警

电网实时监控与智能告警是未来电网调度控制系统实时监控与预警类应用的核心功能，包括电网运行稳态监控、电网运行动态监视与分析、继电保护设备在线监视与分析、安控在线监测及管理、综合智能分析与告警等功能，实现利用电网运行信息、二次设备状态信息及气象、水情等辅助监测信息对电力系统运行进行全方位监视，包括电网运行的稳态、动态、暂态过程，实现电网运行状况监视全景化、调控一体化，并通过综合分析，提供在线故障分析和智能告警功能，依托电力大数据、云计算技术与人工智能技术，实现对电力系统全面实时的状态监控，做到对系统状态快速反应，对故障情况及时告警。

（2）基于大数据、云计算与人工智能技术的电网运行状态分析

电网状态分析利用电网的部分运行状态量，通过电网网架结构潮流计算及状态估计算法，对电网整体运行状态量进行估计。目前在电力运行中，

一般使用数据库中的设备铭牌参数及静态运行的网络参数进行计算和高级应用分析。静态参数的应用会使得计算结果偏离实际,影响电力系统正常运行分析和控制,而在未来电网中,借助大数据技术和云计算技术以及人工智能算法,可以做到参数的实时修正,在海量信息融合的基础上,实现精确度较高的电网运行状态分析。

(3)可视化展示

由于电网的复杂性与动态性,其运行状态容易受到电力系统多种内外部条件的共同影响。因此,分析人员往往需要综合海量、异构、多维并且具有复杂时空关系的数据,对电网状态做出准确判断。电网数据可视化将可视化技术引入传统的电网运行状态分析工作模式,通过结合数据挖掘等自动化方法,并提供图形化的交互工具,将海量抽象数据转化为便于理解和使用的可视化数据,增强了分析人员的认知能力,使其能高效地识别、理解重要信息。

5.3.2　数字服务层

未来电网依托广泛互联的大背景,以方便用户为主要目标,借助大数据、区块链与人工智能多种先进技术,为用户提供广泛而有效的数字服务,如综合能源服务、用户节能咨询、家庭能源管理等,旨在有效提升用户体验,并显著提升全社会的综合能效水平。

(1)综合能源服务

综合能源服务能够开拓新型增值服务,提高全社会的综合能效水平,抑制不合理能源消费,降低企业设备能耗,调整企业用能结构,提高能源利用效率,推动行业转型升级,优化城市建设规划设计。在能源互联网的大背景下,综合能源服务的对象包括:①能源终端用户,即用能企业、公共机构、居民用户。为这类服务对象提供如综合供能服务,包括煤、电、油气、热、冷、压缩空气、氢等多种能源的外部供能服务;综合用能服务,包括与用能相关的安全、质量、高效、环保、低碳、智能化等服务;用户侧分布式能源资源综合开发利用服务,包括太阳能、风能、生物质能、余热余压余能等的开发利用服务。②能源输配、储存、购销企业。为这类服务对象提供能源输配、储存、购销设施建设相关的规划、设计、工程、投融资、咨询等服务以及能源输配、储存、购销设施运营相关的安全、质量、高效、环保、低碳、智能化等服务。③能源生产、加工转换企业。为这类服务对象提供能源生产、加工转换设施建设相关的规划、设计、工程、投融资、咨询等服务和能源输配、储存、购销服务以及能源生产、加工转换设施运营相关的安全、质量、高效、环保、低碳、智能化等服务。通过综合能源服务,可以实现电力、热力、燃气等不同供能系统集成互补、梯级利用,提高能源系统整体利用效率。

(2)家庭能源管理

借由物联网技术的快速发展,家庭能源管理系统利用传感器采集室内环境、人员活动和设备工作状态信息,通过人工智能算法对这些信息进行有效分析来对用电设备进行调度和控制,在满足用户舒适度的前提下减少电能消耗,提高用电效率:一方面用户可以借助家庭能源管理系统有效掌握家庭用能情况,另一方面家庭能源管理系统可以有效地减少待机负荷,对不安全用电行为做到及时预警。

(3)充电桩状态监测

电动汽车作为一种以电力为能源驱动的交通工具得到全面普及,而电动汽车是需要通过将电能存储在电动汽车的蓄电池中,因此就需要相应的电能补充设备——充电桩。新建的充电站普遍要求无人值班或少人值班,现有充电站数量多、位置分散,充电桩状态监测服务,通过充电桩管理系统采集得到充电桩运行数据、检修数据,进行大数据分析处理,对充电桩的健康状态进行评价。充电桩状态监测系统一方面可以把充电桩使用状态信息提供给用户,方便用户查找最近可用的充电桩;另一方面,可以为充电桩维护提供及时可靠的信息,有助于充电桩的检修维护。

5.3.3 智能电网层

未来电网中,随着人工智能的普及,物联网技术飞速发展,许多人工工作可以借由机器来安全、可靠地完成,同时高度的自动化使得电网基础维护得到高效率展开,主要的技术应用可以分为智能输电、智能变电、智能配电三部分。

（1）智能输电

输电线路自动巡检技术基于雷达高精度定位和大数据积累形成的无人机自动驾驶技术体系，实现无人机一键起飞。在事先制作的高精度线形三维地图上规划好航线，应用厘米级实时定位技术，无人机自动飞到指定位置。飞行设备到达控制点后进行自动拍照保存，并且在完成作业任务后自动返回，实现站到站的无人机巡检作业新模式。借由无人机自动巡检，可以实现线路通道、树障、精细化巡视，以及线路故障夜间特巡与勘灾，大大提高输电线路检查的可靠性和效率。

（2）智能变电

智能变电涉及变电站信息采集技术、智能传感技术、实时监测技术、状态诊断技术、自适应和自优化保护技术、广域保护技术、协调控制技术及站内智能一次设备技术等各种专业技术，借助广泛的数据采集量和人工智能算法，实现设备的全状态监控；借助智能机器人自动运维，大大提高运维效率，减少机械工作；借助气象数据等外部数据，做到自动灾害预警，提升变电应急能力。

（3）智能配电

未来配电网依托电力物联网的数据挖掘特长，而非依靠电气量提取或人工现场巡查来快速辨识系统潜伏性异常，通过与相关应用系统的信息集成，实现对配电网的监测、控制和快速故障隔离，为配电管理系统提供实时数据支撑；通过快速故障处理，提高供电可靠性；通过优化运行方式，改善供电质量、提升电网运营效率和效益。

5.3.4　综合平台层

未来电网依托坚强智能电网和电力物联网，针对不同的应用层面，形成两大综合平台，即统筹各项技术的公共技术平台与方便内部管理的智能管理平台。

（1）公共技术平台

主要由能源云平台、大数据平台、物联网平台、移动应用平台与人工智能平台组成。其中，能源云平台提供强大的计算能力、存储能力和网络能力,为云计算、物联网数据的存储提供空间,为人工智能计算提供保障;大数据平台通过综合整理来自物联网的海量数据,完成数据清理和数据格式的规范化整理,实现数据的可视化和规范调用,为各项服务提供便捷的接口;物联网平台是各项应用技术的核心,需要将物联网应用与数据、硬件、网格、云等多项技术业务深度融合,实现数据的全方面接入,大大提升数据传输和互联能力,是状态感知和趋势估计的技术基础;移动应用平台为生产、营销、办公等领域移动应用的开发和管理作支撑;人工智能平台主要面向电网预警、电网规划、高精度仿真的复杂场景或者图像识别等通用场景,具有机器学习、深度学习等不同层次的计算模型,满足电力系统计算需要。

(2)智能管理平台

主要由财务管理平台、资源管理平台、办公管理平台、规划管理平台、工程项目管理平台等构成。其中,财务管理平台具备经营评估和预算整理等基础功能;资源管理平台能够实时管理物资与人力资源,同时掌握电力系统设备健康状况;办公管理平台可以有效管理海量的办公文件,并与数据库对接,实现文件的精准查询;规划管理平台能够掌握电网中长期运行规划;工程项目管理平台可以实时查询各项工程进行状况。借助智能管理平台,可实现未来电网管理系统的智慧运营。

参考文献

[1] 赵新一. 新能源发展展望[J]. 电力技术,2009(10):7-14.

[2] 王婉君. 区域型多能互联网络能源优化配置研究[D]. 华北电力大学(北京),2018.

[3] 魏炜,竺笠,罗凤章,等. 主动配电网区域能源优化配置双层规划方法[J]. 电力系统及其自动化学报,2016,28(5):97-102.

[4] 赵川,赵明,路学刚,等. 基于大数据技术的多能源系统能量控制研究[J]. 电子设计工程,2019,27(17):68-71,75.

[5] 陈硕翼,朱卫东,张丽,等. 先进超超临界发电技术发展现状与趋势[J]. 科技中国,2018(9):14-17.

［6］王月明，牟春华，姚明宇，等．二次再热技术发展与应用现状［J］．热力发电，2017，46(8)：1-10,15.

［7］汤广福，庞辉，贺之渊．先进交直流输电技术在中国的发展与应用［J］．中国电机工程学报，2016，36(7)：1760-1771.

［8］舒印彪，张文亮．特高压输电若干关键技术研究［J］．中国电机工程学报，2007(31)：1-6.

［9］贾宏杰，穆云飞，余晓丹．基于直流潮流灵敏度的断面潮流定向控制［J］．电力系统自动化，2010，34(2)：34-38.

［10］徐丙垠，李天友，薛永端．智能配电网与配电自动化［J］．电力系统自动化，2009，33(17)：38-41,55.

［11］杨新法，苏剑，吕志鹏，等．微电网技术综述［J］．中国电机工程学报，2014，34(1)：57-70.

［12］崔立真，史玉良，刘磊，等．面向智能电网的电力大数据存储与分析应用［J］．大数据，2017，3(6)：42-54.

［13］彭小圣，邓迪元，程时杰，等．面向智能电网应用的电力大数据关键技术［J］．中国电机工程学报，2015，35(3)：503-511.

［14］吴凯峰，刘万涛，李彦虎，等．基于云计算的电力大数据分析技术与应用［J］．中国电力，2015，48(2)：111-116,127.

［15］陈童，陈国宇，杨永．基于大数据的配网设备健康度分析［J］．通信电源技术，2018，35(11)：155-156.

［16］李乔，郑啸．云计算研究现状综述［J］．计算机科学，2011，38(4)：32-37.

［17］陈全，邓倩妮．云计算及其关键技术［J］．计算机应用，2009，29(9)：2562-2567.

［18］赵俊华，文福拴，薛禹胜，等．云计算：构建未来电力系统的核心计算平台［J］．电力系统自动化，2010，34(15)：1-8.

［19］王德文，宋亚奇，朱永利．基于云计算的智能电网信息平台［J］．电力系统自动化，2010，34(22)：7-12.

［20］孙其博，刘杰，黎羴，等．物联网：概念、架构与关键技术研究综述［J］．北京邮电大学学报，2010，33(3)：1-9.

［21］王保云. 物联网技术研究综述［J］. 电子测量与仪器学报，2009，23
　　　（12）：1-7.

［22］李航，陈后金. 物联网的关键技术及其应用前景［J］. 中国科技论坛，
　　　2011（1）：81-85.

［23］李勋，龚庆武，乔卉. 物联网在电力系统的应用展望［J］. 电力系统保
　　　护与控制，2010，38（22）：232-236.

［24］赵强. 基于物联网技术的电力设备状态检修［D］. 华北电力大学（北
　　　京），2011.

［25］崔雍浩，商聪，陈锶奇，等. 人工智能综述：AI 的发展［J］. 无线电通
　　　信技术，2019，45（3）：225-231.

［26］肖博达，周国富. 人工智能技术发展及应用综述［J］. 福建电脑，
　　　2018，34（1）：98-99，103.

［27］杨挺，赵黎媛，王成山. 人工智能在电力系统及综合能源系统中的应
　　　用综述［J］. 电力系统自动化，2019，43（1）：2-14.

［28］狄义伟. 面向未来智能电网的智能调度研究［D］. 山东大学，2010.

［29］廖志伟，孙雅明，叶青华. 人工智能技术在电力系统故障诊断中应
　　　用［J］. 电力系统及其自动化学报，2003（6）：71-79.

［30］沈鑫，裴庆祺，刘雪峰. 区块链技术综述［J］. 网络与信息安全学报，
　　　2016，2（11）：11-20.

［31］张宁，王毅，康重庆，等. 能源互联网中的区块链技术：研究框架与
　　　典型应用初探［J］. 中国电机工程学报，2016，36（15）：4011-4023.

［32］李彬，张洁，祁兵，等. 区块链：需求侧资源参与电网互动的支撑技
　　　术［J］. 电力建设，2017，38（3）：1-8.

［33］王蓓蓓，李雅超，赵盛楠，等. 基于区块链的分布式能源交易关键技
　　　术［J］. 电力系统自动化，2019，43（14）：53-64.

［34］龚钢军，张桐，魏沛芳，等. 基于区块链的能源互联网智能交易与协
　　　同调度体系研究［J］. 中国电机工程学报，2019，39（5）：1278-1290.

［35］孙毅，周爽，单葆国，等. 多情景下的电能替代潜力分析［J］. 电网技
　　　术，2017，41（1）：118-123.

[36] 田世明，王蓓蓓，张晶．智能电网条件下的需求响应关键技术[J]．中国电机工程学报，2014，34(22)：3576-3589．

[37] 彭程，钱钢粮．21世纪中国水电发展前景展望[J]．水力发电，2006(2)：6-10,16．

[38] 梅生伟，薛小代，陈来军．压缩空气储能技术及其应用探讨[J]．南方电网技术，2016，10(3)：11-15,31,3．

[39] 霍现旭，王靖，蒋菱，等．氢储能系统关键技术及应用综述[J]．储能科学与技术，2016，5(2)：197-203．

[40] 李建林，田立亭，来小康．能源互联网背景下的电力储能技术展望[J]．电力系统自动化，2015，39(23)：15-25．

6 未来电网公司综合能源服务的商业模式研究

近年来,综合能源服务在全球迅速发展,引发了能源系统的深刻变革,成为各国及各企业新的战略竞争和合作的焦点。国内企业也纷纷掀起了向综合能源服务转型的热潮。2016年10月,国家发改委、国家能源局发布《有序放开配电业务管理办法》中第二十条指出,"配电网运营者可有偿为各类用户提供增值服务。包括但不限于:用电规划、需求响应、合同能源管理、多能组合优化等用户侧智能化综合能源服务",首次在政策文件中提出了"综合能源服务"的概念。当前我国大力发展综合能源服务的原动力源于三个方面。

(1)能源转型背景下的大势所趋

随着全球范围内对能源转型的要求不断加深,能源清洁化、低碳化已成为国际共识。应对全球气候变化的《巴黎协定》提出将全球平均气温较工业化前水平升高幅度控制在2℃之内的目标,各国纷纷提出减排目标。其中,我国承诺在2030年前将非化石能源占一次能源消耗的比重提高到20%。在温室气体减排目标的推动下,各国逐步开始控制化石能源消费总量,推动能源结构低碳化发展。在此背景下,风电、太阳能发电等新型分布式可再生能源成为各国的普遍选择,因地制宜开展分布式清洁能源服务是综合能源服务的重要组成部分。因此,发展综合能源服务是能源转型下的大势所趋。

(2)电力市场改革中的积极探索

国内来看,受电力体制改革和互联网产业蓬勃发展的影响,综合能源服务迎来了一个快速发展的时代机遇期,近年来受到了广泛的关注。随着我国电力体制改革的不断深入,售电公司数量和市场交易电量快速增加,用户选择性不断提高,市场主体更为多元化,市场竞争也更为激烈,这要求电网企业转变服务理念与经营方式,以应对越来越大的市场份额流失压力。尤其对于电网公司,随着输配电价改革趋于完成,电网公司面临从统购统销赚取购销差价的垄断企业到收取过网费的纯粹公用事业运营者的转变,需要积极探索新的盈利模式[1]。

(3)电力物联网的关键应用

开展综合能源服务是国家电网建设电力物联网的关键应用。在电力物联网下,能源互联网的数字化壁垒将被突破,现有的能源产供销模式将被逐步改变,通过区域综合能源管控系统的建立,电网企业能够实现各能源系统互联互通、互补互济,从而降低供能成本[2]。

2017年,国家电网向所属单位印发《各省公司开展综合能源服务业务的意见》,提出将综合能源服务放在更加突出的位置上,有利于巩固公司售电市场、扩展业务范围、提升客户服务新能力,带动公司相关产业发展,培育新的市场业态,增加新的效益增长点,并构建多元化分布式能源服务。

台州作为浙江沿海的区域性中心城市和现代化港口城市,是中国民营经济创新示范区和民营经济创新发展综合配套改革试点,拥有"医药产业国家新型工业化产业示范基地"、"中国缝制设备之都"等50多个国家级产业基地称号,现有制造业市场主体12万户,规模以上企业3600多家,培育了吉利、钱江、海正、星星、苏泊尔等一批国内外知名企业。围绕"山海水城、和合圣地、制造之都"的湾区经济发展建设目标,探索并形成适应未来电网高质量发展的综合服务商业模式,有利于台州加速产业转型升级,助力民营企业、旅游业的良性发展,打造生态宜居城市。在此背景下,台州未来电网应着重结合台州地区经济、环境发展特色,开拓综合能源服务新业务,合理利用政策支持,通过深度挖掘客户资源价值,打造新的利润增长点,提升市场竞争力;推动具有台州特色的能源互联网综合示范工程建设,探索台州电网公司向能源互联网企业转型的发展模式。

6.1　综合能源服务的内涵与发展趋势

6.1.1　综合能源服务的定义

从广义上看,综合能源服务包含两个方面:一是综合能源,即涵盖多种能源,包括电力、燃气和冷热等;二是综合服务,包括工程服务、投资服务和运营服务[3]。按照专业关联的紧密程度和业务发展模式的相似程度,综合能源服务可分为三类:一是能源销售服务,包括售电、售气、售热冷、售油等基础服务[4],以及用户侧管网运维、绿色能源采购、利用低谷能源价格的智慧用能管理[5](例如在低谷时段蓄热、给电动汽车充电)、信贷金融服务等深度服务;第二类是分布式能源服务[6],包括设计和建设运行分布式光伏、风电、天然气三联供、生物质锅炉、储能、热泵等基础服务,以及运维、运营多能互补区域热站、融资租赁、资产证券化等深度服务;第三类是节能减排服务及需求响应服务,包括改造用能设备、建设余热回收、建设监控平台、代理签订需求响应协议等基础服务,和运维、设备租赁以及调控空调、电动汽车、蓄热电锅炉等柔性负荷参与容量市场、辅助服务市场[7]、可中断负荷项目等深度服务。综合能源服务的业务范畴如表 6-1 所示。

从传统能源服务与综合能源服务的差异性来看,传统能源服务多是从产业链上游向下游延伸的合纵模式,而综合能源服务则多是围绕客户需求而展开的、提供多种服务的连横模式[8]。两者对比主要体现在两个方面:

1)综合能源服务是以客户为中心的服务模式,而传统能源服务是以产品为中心的服务模式。传统能源服务多是上游产业的附属业务,大多围绕上游产业的产品展开服务。综合能源服务围绕客户用能需求而开展服务,其不仅仅提供能源服务,还针对客户用能背后的最终需求提供节能咨询、碳金融和智慧生活等个性化能源衍生服务。

表 6-1   综合能源服务的业务范畴

	能源销售	分布式能源	节能减排及需求响应
基础服务	电、气、冷热、油等套餐式销售服务	设计和建设运行分布式光伏、分布式风电、天然气三联供、空气源热泵、地源热泵、生物质锅炉、储能等	用能设备节能改造、余热余压回收系统建设、监控平台建设、代理签订需求响应协议等
深度服务	用户侧管网设计和运维、绿色能源采购、智慧用能管理（电动汽车充放电、智慧家居）、能源金融信贷	投资、计量和实时监控、运维、运营多能互补区域热站、融资租赁、资产证券化、煤改电/气等	运维、设备租赁、调控空调、电动汽车、蓄热式电锅炉等柔性负荷参与容量市场、辅助服务市场、可中断负荷项目等深度服务

2)综合能源服务是基于关系的强互动服务模式,而传统能源服务是基于事物的弱互动服务模式。因传统能源服务是一种纵向延伸的能源服务,只围绕与事物相关的服务,与之无关的不开展服务,这使得企业与客户之间的互动性有限。而综合能源服务是围绕客户需求而开展的连横服务模式,是围绕与客户之间的关系开展服务,致力于建立、保持并稳固与客户之间紧密、长期的互动关系,充分开展能量流、信息流和业务流的互动活动,以吸引客户高频次的访问。

总体来看,综合能源服务具有综合、互联、共享、高效、友好的特点。综合即集成化,包括能源供给品种的综合化、服务方式的综合化、定制解决方案的综合化等。互联是指同类能源互联、不同能源互联以及信息互联,以跨界、混搭的组合方式呈现。共享是指通过能源输送网络、信息物理系统、综合能源管理平台以及信息和增值服务,实现能源流、信息流、价值流的交换与互动。高效是指通过系统优化配置实现能源高效利用,从传统工程模式转化为向用户直接提供服务的模式。友好是指不同供能方式之间、能源供应与用户之间友好互动,可以将公共热冷、电力、燃气及水务整合在一起。

6.1.2   综合能源服务的发展趋势

新时期,随着"云大物移智"、区块链、边缘计算等信息通信技术的应用,综合能源服务的业务内涵不断延伸。能源电力企业应该顺应电力物联网发展路径,提前布局服务业务版图,设计相应的商业模式和价值回收途径,以提升企业经营效益。比如布局用户侧用能终端信息采集业务,提前打通用能总段数据采集壁垒;布局以用户用能信息挖掘为主的增值服务(故障预警、远程控制、节能优化等),实现用户用能信息价值的深度挖掘和有效回收。电力物联网下综合能源服务的发展方向包括:

1)以用户为中心的价值创造:促进用户节能增效,提供个性化节能服务;提高资产利用效率,提供多能源综合供应[9];提高系统运行效益,实现电源—系统—负荷的聚合优化。

2)以数据为核心的信息增值:构建大型的数据中心或云平台,实现对海量数据的高效管理;通过能源互联网大数据,提供数据驱动的创新服务[10]。

3)以技术为驱动的业务革新:突破能量转换技术,实现多能量终端消费统一的"流量计费";突破能源存储技术,使能量存储单元变成"家用电器"。

4)以改革为契机的效益挖掘:开展能源零售竞争、提供优惠的用能价格、个性化的服务套餐[11];进行能源系统运营,收取能量配送的"物流费"与"管理费";构建能源交易平台,开展多类型灵活的能量交易。

提升综合能源服务水平是电网公司增强市场竞争力的重要途径,建设能源互联网和综合能源系统是电网公司向综合能源服务商转型的重要发展目标,具体可以从以下两方面入手:

1)以点到面,提升综合能源服务水平。一是突破企业管理桎梏,创新综合能源服务商业模式,在新型的竞争型市场中,传统的管理模式不再适用;二是选取典型区域,打造综合能源服务试点示范,形成可推广的综合能源服务运营经验;三是重视营销主动出击,积极开拓综合能源服务市场,做大做优做强电网公司的综合能源服务体系。

2)推动综合能源系统落地,建设能源互联网。一是开展综合能源系统仿真,验证综合能源系统的可行性;二是开展综合能源系统试点示范,选取典型区域建设综合能源系统,打造电、热、气、冷协调运行的系统样板;三是结合电力物联网等相关技术应用,最终打造能源流与信息流融合的综合能源系统,即能源互联网。总体来看,未来电网公司的综合能源服务体系如图6-1所示。

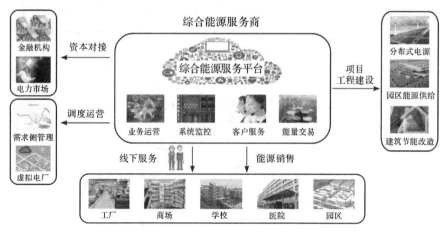

图 6-1　综合能源服务体系

6.2　综合能源销售服务

综合能源销售服务是未来电网公司综合能源服务最基础的商业模式。按照参与能源销售的公司的条件与资质,能源销售服务可进一步划分为:配售一体化模式、供销一体化模式、综合能源供给模式、折扣售电模式等[12]。

6.2.1　配售一体化模式

配售一体化模式指拥有配电网运营、收益权的电网企业或增量配电公司从事配售电业务获取收益的商业模式[13]。配售电一体化模式在法国、德国等欧洲国家的电力市场中较为常见。以德国为例,由于 20 世纪 90 年代末私有化浪潮,大部分配电网资产都落在了私人手中。之后随着售电市场的开放,诞生了许多拥有配电网资产的配售一体化售电公司,这样的售电公司相对其他售电公司最大的区别在于,公司不仅可以从售电业务中获得收益,还可以从配电网业务中获得配电收益。在公司配电网运营的范围内,用电客户如果直接与配售电公司签订用电合同,公司除了需要向输电网运营商支付输电费,剩下的收入都将归公司所有,去除购电成本与配网投资及运营成本,公司将同时获得配电利润以及售电利润;如果用电客户与其他售电公司签订用电合同,那么公司只能收取配电费,也就只能获得配电利润。无论是哪种情况,配售一体化售电公司都能保证有利润来源,这是公司能持续经营以及发展的保障。

6.2.2 供销一体化模式

供销一体化模式指售电公司与发电企业组建合作社(或发电企业投资组建的发电型零售商),将发电与售电相结合,使得自身拥有优质发电资源,通过供销合作的方式进行售电,同时将获得的售电收入中的一部分继续投入建设发电厂,以此达成发售双方共赢的局面。采取供销一体化模式的售电公司最大的优势在于可以获得优质的发电资源。特别针对那些分布式可再生发电站,通过集合分布式发电站,组建一个销售纯绿色电力的售电公司,一方面吸引具有环保意识的人士或是有碳排放限额的公司购电;另一方面,由于售电公司取得的一部分收益将投资或是分配给发电站,发电站运营商也就更愿意加入这种供销合作社模式的售电公司,售电公司的购电成本便可相对减少。国外已经出现了不少这样模式的售电公司,其中最出名的就是法国的 Enercoop。2005 年该公司由国际绿色和平组织和其他一些环境保护组织组建,公司销售的所有电力全部来自可再生能源,至 2016 年已有 4000 多客户,年售电量达 120 亿千瓦时。在购电方面,售电公司承诺将57% 的利润返还给可再生能源发电商,支持可再生能源的发展,截至目前已有 115 家发电商成为售电合作社的一员。

尽管如此,供销合作社模式的售电公司也存在相应的风险,选择投资哪些发电站将在很大程度上影响公司的效益,售电公司必须有相应的风险管控及合适的投资策略。例如,德国一家地区性售电公司选择投资联合循环热电联产厂,然而由于电力批发市场电价持续走低,此类型的发电厂发电成本相对较高,无法降低售电公司的购电成本,公司也就无法从中获利。

6.2.3 综合能源供给模式

对电网企业和售电公司,综合能源供给模式是指在开展供售电业务的同时,开展其他能源甚至公共交通、设施等服务,即城市综合能源公司。在国外,这类公司一般都提供供电与供气服务,客户可以与公司单独签订用电或是用气合同,公司也会提供综合能源套餐。相对于单独签订合同,同时与公司签订供电与供气合同能够得到更多的优惠,这也是这类公司吸引及留住客户的重要手段。此外,有一些地区性综合能源公司还提供供热、供水、公共交通等服务,让客户可以享受多方位的能源服务。

德国最大的城市综合能源服务公司位于慕尼黑,公司主要为慕尼黑及周边地区的居民和工商业用户提供供电和供气服务,其中提供给居民的供电套餐就有 7 种,例如固定电价套餐、绿色电力套餐、网络电力套餐等。此外,公司还提供供热、供水、公共交通以及租车服务、差异化电动车充电服务——能源公司现有客户可以免费使用充电桩,而其他电动车用户每次充电必须缴纳 9.9 欧元的充电桩使用费。公司通过捆绑销售这种方式吸引更多的客户,提高客户忠诚度,利润来源也更多样化。为打造这样的地区性综合能源服务公司,除了提供供电供气服务外,往往需要经营一些其他利润很少甚至是没有利润的公共基础服务,如市内公共交通,这样将加剧此类公司的财务负担,导致国外一些地区性综合能源服务公司陷入财政困境,甚至濒临破产。

6.2.4 折扣售电模式

折扣售电模式是售电公司(包括配售、发售一体售电公司)的一种售电营销策略。为了更好地吸引客户,售电公司不仅提供较低的基本电费,还针对新用户提供电费折扣。相关研究表明,许多新加入售电公司的工商业用户能够通过这类套餐在初期显著降低用电成本,而居民用户通过返现和折扣更是有可能在第一年减少 20% 的电费支出。此外,澳大利亚售电公司设计了分时电价套餐、单一费率套餐、太阳能电力套餐、绿色能源套餐等多样化的折扣套餐模式吸引用户[14]。采用折扣售电模式时,售电公司的主要风险是流动性风险。售电公司是电力大规模生产和小规模销售之间的纽带,必须同时参与电力批发和零售市场。然而这两种市场的电力结算方式与结算时间相差巨大,如果售电公司没有处理好这些时间差,很有可能因为缺乏流动性而对自身的经营造成巨大的影响。售电公司在初期的低价策略之后,必须通过转型来获得长久的发展。在通过低价电力获取市场份额,站稳脚跟之后,多样化的定价方式与服务才是售电公司成功的关键。

在德国,商业用户更换电力零售商的频率已经从2005的7%逐步上升到2008年的20%以上,而2013年10月则达到33.5%,2014年10月达到36%。电力市场中的消费者正在摆脱被既有电力供应商"套牢"的习惯和偏好,开始从更为经济和理性的角度,去选择更适合自己的电力商品,用户黏性已然成为电力零售商关注的重点市场元素[15]。为了争取到新的客户,很多公司提供差异化的服务并降低电费来吸引更多客户,以提高市场占有率。对于参与度不同的客户,售电公司也会提供不同的方案,比如对于家庭用户,一般是全供电合同;对于商业用户,一般是提供购电组合管理方案。最终,公司通过客户数量的增加实现销售收入和利润的增长。

以日本为例,日本东京电力公司根据用户类型制定差异化的服务策略,将用户分为大客户和居民客户两类。针对大客户,服务内容包括:①为客户提供各种电价方案和电气设备方案的优化组合;②向客户提供电力、燃气、燃油最佳能源组合方案;③提供全方位的节能协助服务,帮助客户改进设备,实现节能目标;④兼顾包括通讯在内的建筑物设备设计、施工、维护等全方位设计服务。针对居民客户,东京电力公司将其需求定位为舒适性、节能、环保、安全、经济,并为此确定了相应的营销策略,推广IH炊具(一种高效的用电炊具)、节能热水器等高效电气产品构成的"全电气化住宅"。

美国德州的售电公司给电力用户提供多样化的电力零售套餐[16]。Direct Energy是北美最大的电力、天然气以及家庭和商业能源辅助服务零售供应商之一,拥有近400万客户,它为电力用户提供三种定价模式的套餐选择:①固定费率套餐(fixed rate product,FRP),指合同期内的每千瓦时电价固定不变。这是售电套餐的主流产品。FRP合同时间一般较长,达到9~18个月甚至24个月。对于此项套餐,即使能源价格上升,发电成本上涨,客户也可以在合同期内保持电价不变,即电能使用费只与用电量相关,而售电公司则承担了能源市场价格变动的风险,这也是此套餐为客户青睐的主要原因。②可变费率套餐(variable rate product,VRP)。不同售电公司每月的可变费率各不相同,且由公司自行制定。由于客户可以随时切换,公司一般保持较低的费率才能吸引顾客。可变费率套餐属于月度产品,故不设置合同期,也没有取消费,但电价会按月浮动,客户购买这类产品有一定风险。③指数费率套餐(indexed rate product,IRP)。指数费率也称为市场费率,费率与公开的指数定价公式直接关联,如果指数上涨,月度费率也会上涨。各售电公司的指数定价公式以及指数变化规律一般都不同。指数套餐定价方式分为两类:第一类是分时定价指数类,为不同时间段设计不同的电价类型;第二类是实时定价指数类,与批发市场价格挂钩,为根据供需情况定期变化的电价类型。

其中,美国德州固定费率套餐中的"一分钱"售电套餐是折扣售电的典型案例。在其官方售电平台(www.powertochoose.org,淘电网)上存在的"一分钱"售电套餐提出用户用电最低消费奖励,对月消费电量超过 1000 度的用户给予一定的奖励,使其在月消费 1000 度下的单价在 1 美分/度左右(常规为 10 美分/度左右)。由于淘电官网默认把所有的售电套餐按照月消费 1000 度进行排名,这些"一分钱"售电套餐在官网牢牢占据了前几名的位置。以 Infinite Electric 公司提供的 12 个月固定费率套餐为例,该套餐标签显示,用户每度电 11.203 美分(包含电能费用、电网费用即输配电费用),若用户月用电量在 999~2001 度,则给予 100 美元的奖励。用电量 1000 度电对应的单价 P_1 是:

$$P_1 = (0.11203 \times 1000 - 100)/1000 = 0.01203 \text{ 美元/度}$$
$$= 1.203 \text{ 美分/度}$$

这个价格远低于常规电能价格。若用户月消费 500 度,由于没有了 100 美元的奖励,单价就变成了每度 11.203 美分。当用电量 2000 度时,则平均费率已经和其他常规的固定费率相近了。虽然售电商采用了手术刀式精准的"定点"定价策略,但如果用户能精确控制每个月用电都在 1000 度,那的确可以把单价控制在 1.2 美分/度,也就是每月付 12 美元用 1000 度电,可谓地板价。实际上固定费率套餐多为长期套餐,而用户每月用电量随季节变化很大,难以将每个月用电量都精确控制在 1000 度。按照家庭用电一年 8000 多度、每月在 300～1500 度的实际用电量测算,套餐的实际单价是 7.3～7.6 美分/度,远远高于其宣传的 1.2 美分/度。

6.3　分布式能源服务

分布式能源(distributed energy resources,DER)是指分布在用户端的能源综合利用系统。一次能源以气体燃料为主,可再生能源为辅;二次能源以分布在用户端的热电冷联产为主,其他中央能源供应系统为辅,直接满足用户多种需求的能源梯级利用,并通过中央能源供应系统提供支持和补充。

分布式能源服务,包括设计和建设运行分布式光伏、风电、天然气三联供、生物质锅炉、储能、热泵等基础服务,以及运维、运营多能互补区域热站、融资租赁、资产证券化等深度服务。以能源开发配套为入口,布局园区分布式能源服务,打造综合能源系统,是未来电网公司推进综合能源服务的主要路径之一[17]。

6.3.1　综合能源系统

综合能源系统(integrated energy system,IES),即在传统供能(包括电力、燃气、热、冷供给)的基础上,整合可再生能源、氢能和储能设备等,通过天然气冷热电联供、分布式能源和智能微网等方式,实现多能协同供应和能源综合梯级利用,从而提高能源系统效率的、一种新型的能源供给系统,是分布式能源服务的重要载体[18]。IES 以不同形式接入配电系统形成区域综合运行,实现能源之间梯级利用、优势互补,提高能源转换利用效率,降低环境污染排放,增强系统稳定性和灵活性,为用户提供优质可靠的能源供应。随着大数据、互联网技术快速发展,通过智能化终端可以完成对用户或企业使用电、热、气等能源数据的采集,并上传云计算中心进行用户用能习惯、行为模式等个性化特点的分析,由此为每一位用户或企业定制个性化的能源需求策略。

　　综合能源系统是能源互联网的重要物理载体,涉及能源的转换、分配与有机协调[19]。不同能源系统之间的优化运行、耦合互动是 IES 的关键。单一能源系统转换效率偏低,在生产、传输、储存等方面存在的技术缺陷,会造成大量的能源浪费。例如,发电系统只能将燃料能量的 30%～40%转化为电能,其余的能量有的传递给热源,但大部分直接弃用;供热系统中通过锅炉产生的高温蒸汽没有用于发电,而是直接用于用户供热;由于电储能技术发展不完善及高昂的成本,电力系统多余的电力无法消纳而不得不弃用。这一连串的问题带来了极大的资源消耗和浪费。

　　IES 为实现多元能源综合利用提供了平台,通过对分布式发电能源、天然气、热能,以及交通等多元能源进行充分融合和科学调度,实现不同能源之间的高效利用、优势互补;合理优化协调多元能源系统,有利于提高设备利用效率和用户的消费积极性,延缓配电系统建设,在保证系统稳定运行的同时达到最大经济效益。综合能源系统的结构和能量流如图 6-2 所示。

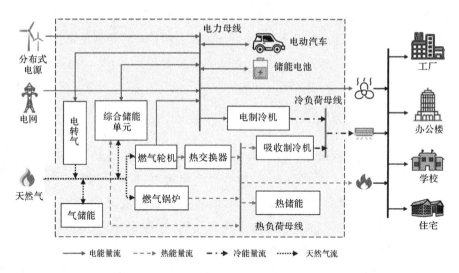

图 6-2　综合能源系统的结构和能量流

　　由图 6-2 可知,IES 的组成部分可以分为供能系统、配电网、能量转换、能源存储、终端用户五部分。供能系统主要包括了可再生分布式电源、传统发电企业、天然气等,负责能源的产生工作;配电网的主要任务是完成对不同能源的稳定传输及合理分配;不同能源耦合互动、相互转换,是通过诸如冷热联供机组、燃气轮机、锅炉等能源转换设备的合理运行策略实现,各类母线的划分按照能量传递介质的种类进行;能源存储部分则包括了电、气、热及综合储能装置,能够完成削峰填谷、平抑能源波动的任务;终端用户在通过需求侧响应合理消费能源的同时,也具备自主发电的能力,并将富余的电能竞价上网,获取更大的经济利益。综合能源系统具有以下特点[20]:

1)在系统规划、运行中可实现不同能源系统的优势互补。例如,目前大规模的电力储能技术尚不成熟且价格昂贵,但热储能和燃气存储技术成熟,性价比高,通过综合能源系统能够更大限度地挖掘系统间的互补优势。

2)有助于可再生分布式能源的大规模接入和高效利用。例如,可再生能源发电接入电力系统遭遇系统运行约束问题时,相对于弃风、弃光策略,可将多余电能转化为氢气,然后注入天然气管网,从而最大限度地利用可再生资源。

3)为高效、灵活的能量交易提供物理支持。综合能源系统可以提供一个健壮、灵活、集成的互联物理系统,从而使得更为高效、灵活的能量交易成为可能(例如端对端交易),从而充分挖掘分布式能源(发电、储能和灵活负荷)的灵活性和价值。

4)增强系统的安全可靠性和应对突发情况的能力,并可实现较低成本的能源独立供给。综合能源系统可以提供能源孤岛运行能力,当无外部能源供应或外部供应中断时,仍可保持能源正常供给。这种能源孤岛对于偏远地区供能以及大城市的能源供给危机的缓解具有极为重要的意义。

5)提高能源效率、降低能源费用。多能源系统间的协调控制,可以极大提高系统的灵活性,使系统元件运行于技术和经济的优化状态,使得系统的能源效率提高,同时费用降低。

6)强耦合的多能源系统可能增加系统级联事故的风险。例如,电力系统的故障可能导致供气和供暖的中断。因此,需研究制定有效的应对措施。

可以说,综合能源系统是能源互联网的主要承载形式,既为多元能源耦合利用提供了平台,又使得满足用户多样化的能源需求成为可能。

6.3.2　园区综合能源供给模式

园区综合能源供给模式是指以各类园区能源系统开发、改造工程为入口,布局园区综合能源供应,采用天然气冷热电联供、分布式能源和智能微网等方式,实现多能协同供应和能源综合梯级利用,从而提高园区能源使用效率,降低用能成本的综合能源服务商业模式。在能源转型背景下,园区综合能源供给模式在国内外均得到高速发展。

国外典型案例如日本的社区综合能源系统[21]。日本的能源严重依赖进口,因此日本成为最早开展综合能源系统研究的亚洲国家。2009 年 9 月,日本政府公布了其 2020、2030 和 2050 年温室气体的减排目标,并认为构建覆盖全国的综合能源系统,实现能源结构优化和能效提升,同时促进可再生能源规模化开发,是实现这一目标的必由之路。在日本政府的大力推动下,日本主要的能源研究机构都开展了此类研究,并形成了不同的研究方案,如由 NEDO(The New Energy and Industrial Technology Development Organization,日本新能源产业的技术综合开发机构)于 2010 年 4 月发起成立的 JSCA(Japan Smart Community Alliance),主要致力于智能社区技术的研究与示范,在社区综合能源系统(包括电力、燃气、热力、可再生能源等)基础上,实现交通、供水、信息和医疗系统的一体化集成。Tokyo Gas 公司则提出更为超前的综合能源系统解决方案,在电力、燃气、热力等传统综合供能系统基础上,提出建设覆盖全社会的氢能供应网络,在能源网络的终端,不同的能源使用设备、能源转换和存储单元间构成终端综合能源系统。

国内综合能源供给模式以国网客服中心北方园区综合能源服务项目[22]和湖南长沙黄花国际机场三联供综合能源服务项目[23]为典型案例。

(1)国网客服中心北方园区综合能源服务项目

国网客服中心北方园区于 2015 年 6 月投运,总建筑面积达 14.28 万平方米,包括运行监控中心、呼叫中心、生产区服务中心、生活区服务中心等 10 栋楼宇,日常可以容纳 2600 余人办公和生活。作为集生产、办公、生活为一体的大型园区,北方园区已经实现了绿色复合型能源网建设与智慧服务型创新园区建设,并取得绿色建筑标识认证。园区以电能为唯一外部能源,通过建设光伏发电、地源热泵、冰蓄冷等多种能源转换装置,并创新性地使用光伏发电树、发电单车以及国内首个应用于工程实践的发电地砖等,规模化高效应用区域太阳能、风能、地热能、空气热能四类可再生能源,依托能源网运行调控平台,实现对园区冷、热、电、热水的综合分析、统一调度和优化管理。能源网运行调控平台主要包括光伏发电系统、地源热泵、冰蓄冷、太阳能空调系统、太阳能热水、储能微网、蓄热式电锅炉七个子系统。

1)光伏发电子系统:总容量为813千瓦,其中在8栋楼的屋顶安装装机容量785千瓦的多晶硅光伏组件,屋顶及连廊南立面安装了装机容量28千瓦的薄膜光伏。

2)储能微点网子系统:由50千瓦×4小时铅酸电池储能、48千瓦光伏发电以及40千瓦公共照明组成。

3)太阳能空调子系统:可以供冷、供暖以及提供生活热水。屋顶铺设630平方米槽式集热器,夏季供冷时,由高温导热油驱动溴化锂吸收式冷水机组制备冷冻水;冬季供热时,通过油—水换热器进行热交换产生空调热水。配置两台总制冷量为1060千瓦的风冷冷水机组及3台总输入功率57千瓦的空气源热泵作为后备冷热源。

4)太阳能热水子系统:利用太阳能集热器制备生活热水。在屋顶铺设约1470平方米的承压玻璃真空管,以蓄热式电锅炉的蓄热水箱高温水作为热水补充。

5)冰蓄冷子系统:与地源热泵和基载制冷机组配合夏季为园区供冷。两台双工况机组,总制冷量6300千瓦,制冰量4284千瓦,放置在地下室集中能源站;采用蓄冰盘管形式,蓄冰总量10000冷吨/时,放置在地下。

6)地源热子泵系统:与冰蓄冷和基载制冷机组配合为园区夏季供冷,与蓄热式电锅炉配合冬季为园区供暖。三台地源热泵机组,放置在集中能源站,总制冷量3585千瓦,制热量3801千瓦;室外629口地源热泵井,分布在八块区域。

7)蓄热式电锅炉子系统:与地源热泵配合冬季为园区供暖,同时作为太阳能热水的补充热源。四台电锅炉,总制热量8280千瓦,放置在集中能源站;三组蓄热水箱,总体积2025立方米,放置在地下。

经测算,北方园区综合能源服务项目可实现每年电能替代电量1182万千瓦时,节约电力 5996.2 千瓦,节约电量 1100 万千瓦时,节省运行费用 987 万元,具有良好的经济效益和环境效益。园区所实践的综合能源供应服务模式提供了一套全面、灵活、一站式、模块化的综合能源服务解决方案,基本适用于新建园区,不同的居民社区、工业园区、产业园区等,具备复制与推广的可行性。通过为用户提供综合能源服务解决方案,园区建设为电网企业从单纯提供电能的传统能源供应商向提供成套解决方案的综合能源服务商转型提供了有益探索,积累了经验,有利于创造维系强、黏度高的长期型客户关系,为新市场形势下的电力增供扩销提供了一种新途径。

(2)湖南长沙黄花国际机场三联供综合能源服务项目

燃气冷热电多联供(combine cooling, heating & power, CCHP)属于分布式电源,主要利用燃气发电机燃烧清洁的天然气发电,对做功后的余热进行回收,用来制冷、供暖、供应蒸汽和生活热水。

2009 年,为满足未来预期旅客吞吐量,长沙黄花机场启动了 T2 航站楼的扩建工程,并采用分布式能源技术建设燃气冷热电联供能源站,以满足新建航站楼的冷热电负荷需求。该分布式能源站工程概算约 6000 万元,由长沙新奥远大能源服务有限公司投资、建设和负责后期运营维护,以合同能源管理的商务合作模式与湖南机场股份有限公司合作,是我国民航系统首个采用此种运作模式的能源服务项目,如图 6-3 所示。

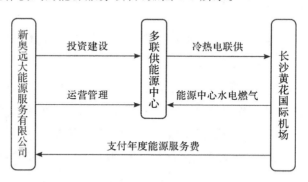

图 6-3 长沙黄花机场综合能源服务商业模式

能源站利用发电机组余热与直燃机组满足 T2 新航站楼基本供能负荷,电制冷机、锅炉作为调峰设备,以满足冷热负荷的逐时变化特点。以夏季供冷为例,如图 6-4 所示。燃气先进入内燃机发电,燃气内燃机排烟和高温缸套水直接驱动余热型溴化锂吸收式机组制冷,同时设有常规电制冷和燃气直燃机补充,根据能源价格合理安排机组的投运顺序。

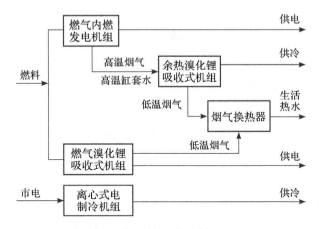

图 6-4 能源站夏季制冷原理图

经测算,湖南长沙国际机场综合能源服务项目采用冷热电联供方案提高了能源利用率,实现年节省能源费用约 358.5 万元,全系统节能率 46%,年减少一次能源消耗折标煤约 3314 吨,减少 CO_2 排放约 8150 吨。

2018 年,长沙黄花国际机场进一步启动了智慧能源管理平台项目,该管理平台旨在依托多能源综合调度与优化系统、负荷预测技术和高级配电网管理系统,实现对机场范围内能源信息、能源设施网络、能源服务的全流程统一管理,实现多主体、多设施、多品类供需动态匹配,有效保障供能安全、可靠、稳定,进一步调结构、提能效、实现节能减排。

6.3.3 区域虚拟电厂服务模式

区域虚拟电厂服务模式是指综合能源服务公司利用虚拟电厂技术实现区域可再生能源的高效利用,降低区域内用户的用能成本,从而产生收益[24]。区域虚拟电厂建立的基础在于拥有众多分布式可再生能源发电设备的控制权,以及分布式储能设备等一系列灵活性设备、可再生能源的市场化销售机制和一套精准的软件算法。基于此类虚拟电厂,综合能源服务公司可进一步推广建设"电力共享池"系统。加入电力共享池的终端用户能够在区域内便捷地互相交易电力,通过各自的分布式储能设备最大化地使用分布式可再生能源的电力,减少外购电,从而显著降低用电成本。

德国曼海姆的 Begy 公司的虚拟电厂电价包月套餐是德国能源互联网应用的优秀案例。Begy 公司是德国第一家推出电价包月套餐的售电公司,用户只需要每个月支付一定额度的电费就能在一个比较大的范围内自由用电。在与客户签订套餐合同后,公司会帮助客户安装屋顶光伏设备、家用储能设备和电力监控设备,通过将地区内分散的用户同集中式的电力生产设备相连,利用 IT 专业建模软件以及内建的智能软件优化算法调配各家屋顶光伏设备所发电力的消费、剩余发电量的购买和各个储能设备的充放策略,最终在最经济条件下实现电力生产和消费在一定范围内的平衡。这是一种利用虚拟电厂技术的商业模式创新,用户通过包月套餐享受了清洁的电力并节省了电费。作为售电公司,该公司并不通过售电服务获取利润,而是通过设备的销售取得盈利。

此外,基于虚拟电厂技术的德国 RegModHarz 项目[25],则是典型的用于促进清洁能源消纳的园区综合能源服务案例。该项目由 2 个光伏电站、2 个风电场、1 个生物质发电厂为主要电源,共 86MW。RegModHarz 项目的目标是对分散风力、太阳能、生物质能等可再生能源发电设备与抽水蓄能水电站进行协调,令可再生能源联合循环利用达到最优,在用电侧整合了储能设施、电动汽车、可再生能源和智能家用电器,在家庭用户安装了双向能源管理系统(bilateral energy management,BEMI)。资料显示,用户安装的能源管理系统每 15 分钟储存用户用电数据,记录用户每天的用电习惯,并将这些数据通过网络传输到虚拟电厂的数据库中。同时,BEMI 系统还可以通过无线控制开关的插座,当电价发生变动时,可以通过无线控制来调控用电时间和用电量。此外,该项目还采用了动态电价,设置了 9 个登记的奖惩制度。零售商将电价信息传送到市场交易平台,用户可以知晓某个时刻的电价等级以及电力来源,以培养自身良好的用电习惯。通过价格的方式进行,可以让对电价敏感的用户根据电价的高低来调整用电时段。

虚拟发电厂使新能源系统与传统的发电系统以及储能系统等得到有效的整合,通过一个控制中心实现管理,从而有机地参与电网运行,其实际能效和经济效益均高于单独运行这些电源。与此同时,虚拟电厂也不失为一种有效的响应需求侧的手段。通过在用电侧安装一些装置比如智能电表，设计出符合客户特定用能需要并具有经济性的电源组合，使得供需在发电和用电两侧达到平衡。

6.4 节能减排及需求响应服务

节能减排及需求响应服务的业务覆盖范围较宽泛，一般而言，但凡能起到清洁能源替、提高能源使用效率、实现需求响应作用的能源服务如分布式光伏、风电等新能源项目建设、煤改电（采暖）改造项目、建筑楼宇节能改造、园区三联供集成项目等，都可认为属于该服务类别。为了与分布式能源服务进行区分，本节提出的节能减排及需求响应，指用能设备节能改造、余热余压回收系统建设、监控平台建设、代理签订需求响应协议等基础服务以及调控空调、电动汽车、蓄热式电锅炉等柔性负荷，参与容量市场、辅助服务市场、可中断负荷项目等深度服务。综合来看，节能减排及需求响应服务的落地方式主要为园区或建筑的能源托管服务，综合能源服务公司可以以绿色建筑发展为契机，拓宽建筑综合能源服务市场。

能源托管服务一般是指综合能源（包括电力、燃气、冷热等）的综合服务，其中包括工程服务、投资服务和运营管理服务等。能源托管服务是针对用能企业提供的能源管理咨询服务，通过对用能设备的购进、使用以及利用效率、用能方式等方面进行承包式管理，为用能企业提供相关技术支撑和设备更新，最终达到节能和节约企业能源使用成本的目的。在满足用户用能要求的基础上，节约下的用能花费作为收入由用户和能源托管公司分配。该模式适用于城乡小用户，可在节省用户时间成本同时提升节能减排效果[26]。

与园区综合能源供给工程相比，能源托管业务仅是对用能侧进行升级，通过节能改造与智能用能管理等方式降低用能成本。在供电关口下沉到用户用电设备层面，深入分析用户用电设备的启停特性、谐波特性、运行功率因数等，提供节能改造、电能质量治理等降低用户用电成本的升级改造；分析用户冷热等非电能源传输与消费设备的运行特点，提供节能、能量回收等降低用户冷热成本的升级改造;提供能效监控、运维托管、抢修检修等便宜用户用能、降低用户能源系统运营成本的第三方辅助服务。

以某一写字楼的能源托管综合服务项目为例。原本写字楼一年的能源各类支出 6000 万。综合能源服务公司与该写字楼进行合作,合作的主要内容是对写字楼进行能源托管,每年的托管费用是 5400 万,即写字楼只需要向综合能源服务公司支付 5400 万,就会在保质保量的前提下得到完善的能源服务。该综合能源服务公司可对写字楼进行技术改造以及能源运营方案优化,使得写字楼的能源成本降低到 5400 万以下从而实现盈利。

6.5 综合能源信息服务

综合能源服务并不限于能源供给类的相关服务,还包括系统规划、负荷预测、管理以及云计算等信息化服务。相比其他类型的综合能源服务商业模式,综合能源信息服务摆脱了能源供给、交易的限制,通过挖掘能源数据价值获取收益。

典型的综合能源信息服务模式如基于"互联网售电模式"的比价服务网站(Price Comparison Websites)。为了降低交易成本,提升竞争力,成熟的电力市场都有比价网站,供用户选择套餐及更换售电商服务。一般而言,比价网站向用户提供的所有服务都是免费的,盈利主要来自于有商业合作的售电公司/商家所支付的佣金,目标客户群为互联网用户。以比价网站为主要实现方式的综合能源信息服务模式在英国比较常见。英国电力监管机构 Ofgem 认证授权的比价网站总共有 12 家,其业务范围包括电力、天然气、固话、宽带、保险、贷款等,这些网站独立于任何售电企业。他们对用户的个人信息以及相关数据绝对保密,不会以任何形式出售,而且比价过程简单迅速,只需输入所在地区邮编即可;比价的排名结果绝对公平且不会受任何影响,可以为用户解答常见问题。

除比价网站的形式外,美国 Opower 能源管理公司提供了另一种综合能源信息服务商业模式。Opower 公司通过自己的软件,对公用事业企业的能源数据以及其他各类第三方数据进行深入分析和挖掘,进而为用户提供一整套适合于其生活方式的节能建议。截至 2015 年 10 月，根据 Opower 网站上的动态信息，其已累计帮助用户节省了 82.1 亿千瓦时的电力，节省电费 10.3 亿美元，减排二氧化碳 121.1 亿磅（1 磅 ≈ 0.4536 千克），随着用户规模逐渐增大，这些数据均以加速度在增长。

Opower 公司的综合能源信息服务的主要内容包括：

1）提供个性化的账单服务，清晰显示电量情况。Opower 公司利用云平台，结合大数据和行为科学分析，对电力账单的功能进一步拓展。一方面，具体针对用户家中制冷、采暖、基础负荷、其他各类用能等用电情况进行分类列示，通过柱状图实现电量信息当月与前期对比，用电信息一目了然；另一方面，提供相近区域用户耗能横向比较，对比相近区域内最节能的20% 用户耗能数据，即开展邻里能耗比较。

2）基于大数据与云平台，提供节能方案。基于可扩展的 Hadoop 大数据分析平台，Opower 搭建家庭能耗数据分析平台，通过云计算技术，实现对用户各类用电及相关信息的分析，建立每个家庭的能耗档案，并在与用户邻里进行比较的基础上，形成用户个性化的节能建议。这种邻里能耗比较，充分借鉴了行为科学相关理论，将电力账单引入社交元素，与"微信运动"的模式十分类似，为用户提供了直观、冲击感较强的节能动力。

3）构建各方共赢的商业模式。虽然 Opower 的目标是为用户节电，但其自我定位是一家公用事业云计算软件提供商，运营模式并不是 B2C 模式（企业对终端消费者），而是 B2B 模式（企业对企业）。电力企业可通过选择 Opower 并购买相关软件，并免费提供给其用户使用。Opower 为用户提供个性化节能建议，同时也为公用电力公司提供了需求侧数据，帮助电力公司分析用户电力消费行为，为电力公司改善营销服务提供决策依据等，因此，它更多地倾向于构建一个综合能源信息服务生态系统。

国内综合能源信息服务的典型案例是阿里能源云，其服务范畴如图 6-5 所示。

目前，阿里云综合能源服务云方案已经运营上线，依靠云计算、人工智能、大数据、物联网、互联网技术，制定综合能源服务的解决方案，主要业务涵盖分布式光伏、电动汽车、新能源路灯、节能服务、智慧电务、政府公共服务平台等。其中，①分布式光伏云主要建立一个电站采集、监控、并轨、结

图 6-5　阿里云综合能源系统

算、分析等运营的服务平台,并为相关方如政府、电网、电站业主、投资方、购电方、运营方,在光伏领域提供档案管理、监测管理、定位管理、结算管理、大数据分析、运营统计管理等一系列的行业服务;②电动汽车云接入了乘用车、物流车大巴等车辆,以及充电桩和第三方服务平台,比如充电服务平台、租赁服务平台,通过该平台可以对外提供分时租赁的业务以及物流众包的项目等;③新能源路灯云主要是通过互联网技术对市政路灯进行远程监测、运行维护以及调控,在满足日常照明需求的基础上,提供节能降耗服务;④节能服务云是对能源企业的多种用能设备进行能效处理的接入,在此基础上进行节能项目的管理;⑤智能电务云包含资源管理、运维管理、增值服务,通过不同的服务终端类型进行现场作业服务,比如现场作业可视化监控、用能调配、管理;⑥公共服务云是基于包括光伏、充电站、车辆运营、物流租赁、定制公交等数据统一接入的平台,该平台有同一个标准的接入口,让各厂家或者各个公司均可以在平台上进行资源共享,打造公共服务业务。

6.6 台州电网公司发展综合能源服务的建议

随着互联网信息技术、可再生能源技术以及电力改革进程的加快,开展综合能源服务已成为提升能源效率、降低用能成本、促进竞争与合作的重要发展方向。在此背景下,台州电力公司亟须开拓综合能源服务新业务,合理利用政策支持,结合台州地区经济、环境发展特色,通过深度挖掘客户资源价值,打造新的利润增长点。从综合能源服务的商业落地模式来看,未来台州电网公司应着重布局以下两个方面。

1)配售一体化为基础的能源销售服务。相比于一般的售电公司,台州电网公司由于拥有丰富的配电资源,更容易在售电市场上占据先机。作为保底供电单位,电网公司在获取用户资源上具有先天优势,同时还可以积极利用配网资源开展售电增值服务,如合同能源管理、需求侧响应,并且还可利用客户资源参与电力辅助市场,最大化经营收益。在配售一体化基础上,台州可进一步发展供销合作模式,采用虚拟电厂相关技术,集成沿海分布式风电,获取优质可再生发电资源;同时布局用户侧电动汽车与分布式储能设备,进一步构建清洁电力业务的“台州模式”。此外,随着售电侧市场的不断完善,未来台州电网公司还应制定灵活的市场营销策略,满足客户差异化能源服务需求,以用电业务代办、设备托管、能效诊断为切入点,综合采用多种能源、技术、创新商业模式,为客户提供具有竞争力的定制化综合能源服务整体解决方案;充分发挥公司品牌、营销渠道、配套电网建设等优势,向目标用户推介综合能源服务组合,建立服务价格优势。

2)园区综合能源系统构建与服务业务。园区综合能源系统构建与服务是国内外最普遍的综合能源服务商业模式之一。台州民营企业发达,具有优秀的产业园区基础。未来台州电网公司可依托台州高新技术产业园区、创意园区,以园区能源系统开发、改造工程为入口,布局园区综合能源供应。根据客户的用能需求,以智能电网为基础,建设分布式光伏发电,分布式生物质发电、冷热电三联供,实现多能协同供应和能源综合梯级利用,从而提高园区能源使用效率,满足终端用户对电、热、冷、气等多种能源的需求,构建以电为中心的集成供能系统。与此同时,台州电力公司也可在客户侧推进电气化与能效提升业务(如能源托管),应用热泵、电窑炉、专用充电站、余热回收、绿色照明等高效用能技术,降低客户能源成本,改善客户用能体验,助力绿色发展;对用能设备、配电设施等开展专业化智能运维,提供精准故障诊断和状态检修服务,提高客户用能稳定性,保障用电安全。

综合能源服务的业务范畴不仅限于配售一体化能源销售业务以及园区综合能源系统构建服务,综合能源(电、燃气等)的销售服务、能源互联网信息服务等也是典型的综合能源服务商业模式且具有较高的商业价值。对当前发展跨行业的能源销售业务、打造综合能源信息服务平台等存在业务入口、数据壁垒、信息安全等问题,需要进一步通过技术创新或探索合理的行业合作方式予以解决。在能源市场化背景下,台州电网公司发展综合能源服务也应重点考虑如下问题。

1)基于长期主义的综合业务拓展。就商业的历史而言,大部分的商业模式都是在不断试错中总结出来的。在探索适用于台州未来电网和台州经济发展、环境特色的综合能源服务商业模式的过程中,需要对现行的商业模式不断调整,追求与当前能源服务的市场现状相契合,以客户需求为导向,注重业务模式的积累、修正和优化,进而拓展综合能源服务业务。

2)综合能源服务示范项目的落地实践。过于追求大而全的业务规划而缺乏示范项目的落地实践,对开展综合能源服务具有消极影响。综合能源服务的相关技术一旦跨越成熟鸿沟,比如广泛互联、云平台、光伏等,大而全的面上推广已经不重要了,真正需求的是各类型商业模式的探索与应用。甚至可以说,综合能源服务的核心并不是技术问题,而是客户和市场挖掘问题。以台州为例,未来电网公司可将园区综合能源系统建设作为切口,探索台州综合能源服务市场初期的最落地模式,在此基础上形成一套全面、灵活、一站式、模块化的综合能源服务解决方案,积累经验,创造维系强、黏度高的长期客户关系,逐步完善用于居民社区、工业园区、产业园区等可复制、可推广的综合能源服务商业模式。

3)综合能源服务的产品化。综合能源服务存在的是一种两难悖论,一方面是市场广阔,客户的用能服务需求多样化;另一方面是,一旦深挖客户价值,就会发现每个客户几乎都是私人定制,大企业最擅长的产品化、流程化、大规模批量复制模式几乎是行不通的。因此,台州未来电网公司发展综合能源服务实际上需要突破的是在细分市场定位基础上的服务产品化问题。这里包含了两个层面的意义:

①服务产品化。需要把服务流程真正做到标准化,并且对服务的每个环节进行管控。虽然能源行业的标准化水平不低,但是"客户驱动"的服务标准化和"管理驱动"的流程标准化,背后的逻辑和做法都有细枝末节的差异。就综合能源服务而言,目前服务的标准化水平是很低的。在这个环节里,数字化和信息化只能起到辅助左右,最关键的还是价值导向的问题。

②服务产品的销售。能否将标准化的服务选择合适的细分市场进行销售,构建线下的地面销售队伍,形成成熟的销售方法和模式,是另一重关键。电力行业长期以来为自然垄断模式,市场营销流程单一,营销人员缺乏真正的销售能力训练。在某些细分领域中,比如售电、分布式光伏,已经有一些企业具备了强悍的产品销售能力,这可能是它们未来开展综合能源服务最大的竞争力之一。因此,台州电网公司也应适当引导自我革新,提高市场营销人才水平。

参考文献

[1] 胡晨,杜松怀,苏娟,等. 新电改背景下我国售电公司的购售电途径与经营模式探讨[J]. 电网技术,2016,40(11):3293-3299.

[2] 封红丽,龚逊东. 园区级综合能源服务市场开拓经验与借鉴[J]. 电器工业,2020(4):45-47.

[3] 黄建平,俞静,陈梦,等. 新电改背景下电网企业综合能源服务商业模式研究[J]. 电力与能源,2018,39(3):344-346,399.

[4] 万怡兵. 基于多能互补能源互联网售电平台公司运行的可行性分析[J]. 低碳世界,2017(36):166-167.

[5] 何靖治. 互联网+智慧用能构建综合能源服务平台[J]. 中国电力企业管理,2017(16):68-69.

［6］闫涛，渠展展，惠东，等. 含规模化电池储能系统的商业型虚拟电厂经济性分析［J］. 电力系统自动化，2014，38(17)：98-104.

［7］高赐威，李倩玉，李慧星，等. 基于负荷聚合商业务的需求响应资源整合方法与运营机制［J］. 电力系统自动化，2013，37(17)：78-86.

［8］张倩，张延迟，解大. 新电改背景下综合能源服务商的购售电策略优化［J］. 浙江电力，2019，38(9)：3-7.

［9］李洋，吴鸣，周海明，等. 基于全能流模型的区域多能源系统若干问题探讨［J］. 电网技术，2015，39(8)：2230-2237.

［10］刘世成，张东霞，朱朝阳，等. 能源互联网中大数据技术思考［J］. 电力系统自动化，2016，40(8)：14-21,56.

［11］侯佳萱，林振智，杨莉，等. 面向需求侧主动响应的工商业用户电力套餐优化设计［J］. 电力系统自动化，2018，42(24)：11-21.

［12］石国庆，李妍，翟长国，等. 综合能源服务商业模式研究［J］. 电力与能源，2020，41(1)：91-94.

［13］封红丽. 国内外综合能源服务发展现状及商业模式研究［J］. 电器工业，2017(6)：34-42.

［14］何永秀，陈奋开，叶钰童，等. 澳大利亚零售市场电价套餐的经验及启示［J］. 智慧电力，2019，47(7)：19-23,28.

［15］曹昉，李欣宁，刘思佳，等. 基于消费者参考价格决策及用户黏性的售电套餐优化［J］. 电力系统自动化，2018，42(14)：67-74.

［16］何青，高效，张文月，等. 美国德州电力市场零售电价套餐体系及启示［J］. 供用电，2018，35(12)：50-55.

［17］朱君，孙强，冯蒙霜，等. 工业园区综合能源服务商业模式研究［J］. 电力需求侧管理，2020，22(2)：67-71.

［18］鞠文杰. 综合能源系统项目发展的运营模式与效益评价研究［D］. 华北电力大学(北京)，2019.

［19］王伟亮，王丹，贾宏杰，等. 能源互联网背景下的典型区域综合能源系统稳态分析研究综述［J］. 中国电机工程学报，2016，36(12)：3292-3306.

[20] 吴建中. 欧洲综合能源系统发展的驱动与现状[J]. 电力系统自动化，2016，40(5)：1-7.

[21] 贾宏杰，穆云飞，余晓丹. 对我国综合能源系统发展的思考[J]. 电力建设，2015，36(1)：16-25.

[22] 国网天津市电力公司电力科学研究院，国网天津节能服务有限公司. 综合能源服务技术与商业模式[M]. 北京：中国电力出版社，2018.

[23] 穆文. 长沙黄花国际机场热电冷三联供方案研究[D]. 湖南大学，2017.

[24] 邹云阳，杨莉. 基于经典场景集的风光水虚拟电厂协同调度模型[J]. 电网技术，2015，39(7)：1855-1859.

[25] 尹晨晖，杨德昌，耿光飞，等. 德国能源互联网项目总结及其对我国的启示[J]. 电网技术，2015，39(11)：3040-3049.

[26] 刘敦楠，曾鸣，黄仁乐，等. 能源互联网的商业模式与市场机制(二)[J]. 电网技术，2015，39(11)：3057-3063.

7 台州未来电网发展模式、演化路径和重点布局

台州是浙江沿海的区域性中心城市和现代化港口城市,其地处浙江省中部沿海,东濒东海,北靠绍兴市、宁波市,南邻温州市,西与金华市和丽水市毗邻,地理位置优越。同时,台州也被誉为"山海水城、和合圣地、制造之都"。

台州是"山海水城",背山面海,望水而生,自然资源丰富。①"山":台州群山环抱,地势由西向东倾斜,西北山脉连绵,千米峰峦迭起。东南丘陵延缓,平原滩涂宽广,河道纵横。南面以雁荡山为屏,有括苍山、大雷山和天台山等主要山峰。高山之上,陆上风电资源与水力发电资源丰富。②"海":台州依海而兴,有"东海之门"的美誉。全市拥有台州湾、三门湾、乐清湾3个海湾,拥有面积大于5平方公里的岛屿695个,海岸线总长1660公里,海洋能资源得天独厚,发展潜力巨大。其潮汐能、潮流能、波浪能、海上风能等自然资源的开发已进入产业化和试验化开发阶段,如大陈岛6万千瓦潮汐能电站项目、三门4×0.5万千瓦潮汐能电站项目、临海20万千瓦海上风电场工程等。③"水":城在水中,台州富有"江南水乡"韵味,境内有大小河流8000多条,水资源丰富。其水资源开发利用程度较高,水电装机容量共297.7万千瓦。另一方面,台州是华东地区最大的电力能源基地,兼有核电、火电、风电、潮汐电等。截至2018年年底,核电装机容量250万千瓦,火电装机容量755.9万千瓦,风电装机容量19.8万千瓦,潮汐发电、生物质能发电等装机容量0.41万千瓦。

台州也是"和合圣地",有着深厚的历史文化底蕴,和合文化是台州基本的文化基因,是台州人文化自信的内在归属。台州以产业思维、市场思维来实现社会效益和经济效益的相互促进,推动和合文化良性发展。和合文化

也与电力等行业互通互融,为电力体制改革、电力市场发展注入动力。

台州还是"制造之都",其民营经济制造业基础扎实,有53家境内外上市公司,境内上市企业数居全国地级市第4位,已形成百亿级产业群21个,国家级产业基地63个,对接"中国制造2025",有国内外市场占有率第一的"隐形冠军"产品达156个,是长三角重要的先进制造业基地。结合台州先进制造业,发展园区综合能源系统,打造富有特色的商业模式,发展氢能产业等是台州未来电网发展的重点。

台州未来电网的发展在紧密联系其"山海水城、和合圣地、制造之都"特色的同时也要顺应时代的潮流。2016年11月,国家发改委和国家能源局印发的《电力发展十三五规划》中就指出要进行电力能源转型升级;2015年3月,中共中央国务院发布的《关于进一步深化电力体制改革的若干意见》(即9号文)指出要逐步深化电力体制改革;2015年6月,国家能源局印发的《能源互联网行动计划大纲》指出要推进能源互联网的建设与发展,构建能源互联网体系。近年来,在能源转型、电力体制改革以及"互联网+"相关变革方面更全面、更细化的政策也不断涌现,对电网产生了深刻的影响。为此,台州电网需要及时做出调整,以主动应对新时代电网的变革。

综上所述,未来台州电网的发展应基于"山海水城、和合圣地、制造之都"的特色,基于城市社会经济发展现状,基于电网、新能源、负荷现状,结合国家关于能源转型、电力体制改革、"互联网+"等相关的电力能源政策,因地制宜,以广泛互联、智能互动、灵活柔性、安全可控、开放共享为主要形态特征,打造顺应时代潮流、具有台州特色的台州未来电网。

7.1　台州未来电网发展模式

按不同发展阶段的主要技术经济特征,电网可分为三代。在世界范围内,第一代电网是二战前以小机组、低电压、孤立电网为特征的电网兴起阶段。第二代电网是二战后以大机组、超高压、互联大电网为特征的电网规模化阶段,当前正处在这一阶段。第二代电网严重依赖化石能源,大电网的安全风险难以基本消除,是不可持续的电网发展模式[1]。未来电网是第三代电网,是第一、二代电网在新能源革命条件下的传承和发展,支持大规模新能源电力,大幅降低大电网的安全风险,并广泛融合信息通信技术,是电网的可持续化、智能化发展阶段[2-3]。

"智能电网"[4]、"能源互联网"[5]、"电力物联网"[6]是近年兴起的新概念。其中,"智能电网"已被很多国家视为推动经济发展和产业革命、应对气候变化、建立可持续发展社会的新基础和新动力。一般认为智能电网是集成了现代电力工程技术、分布式发电和储能技术、高级传感和监测控制技术、信息处理与通信技术的新型输配电系统。"智能电网"是未来电网的一个重要特征,强调了智能化的趋势并在一定程度上结合了新能源革命的特征[7]。2019年1月,国家电网有限公司印发的《关于新时代改革"再出发"加快建设世界一流能源互联网企业的意见》做出全面加快打造具有全球竞争力的世界一流能源互联网企业的战略部署。"能源互联网"将电子技术与信息网络技术相互融合在互联网的支持下应用到电力系统,实质就是"智能电网+能源网+交通网+信息网"的互通互联,目标是建立分布式可再生能源系统,实现资源优化配置。2019年3月,国家电网召开电力物联网建设工作部署会议,指出要加快电力物联网建设。"电力物联网",就是围绕电力系统各环节,充分应用移动互联、人工智能等现代信息技术、先进通信技术,实现电力系统各环节万物互联、人机交互,具有状态全面感知、信息高效处理、应用便捷灵活特征的智慧服务系统,其实质就是"能源互联网+物联网",是能源互联网在电力系统的具体实现。

在能源转型与"大云物移智"等关键信息化互联网技术高速发展的背景下,台州未来电网建设需与其紧密结合,与智能电网、能源互联网、电力物联网相联系,以推动电网高质量发展,加快推进能源转型、清洁能源消纳及能源体系建设,拉动台州经济低碳发展,为台州的产业转型、能级提升、再电气化等提供支撑,带动海岛旅游业、渔业发展,为台州的经济社会发展提供安全可靠、绿色高效的电力保障为目标,结合自身"山海水城、和合圣地、制造之都"的特点,选择合理正确的方式、方法与道路。

为实现上述未来电网发展的目标,台州市政府、台州国网供电公司必须做出正确的抉择,既顺应时代发展的潮流,又融合自身的特点,探索、建立能源转型与大数据背景下的未来电网发展的台州模式。宏观层面,影响台州未来电网发展模式的关键问题主要包括电力需求量、电源结构、电力流及电网格局。发电资源类型及清洁电量比重(资源环境约束)、人均年用电量、各类电源装机容量及发电量、各类电源布局的地理分布占比、输电需求和就地平衡/远距离输电比例等可分别作为其表征指标,依据这些指标来探究未来电网发展模式的原理如图 7-1 所示,即经济发展决定电力需求,电力需求、发电资源分布和环境约束影响电源结构和布局,电源与负荷的格局决定电力流格局,电力流格局和技术发展进步影响电网发展模式[1]。

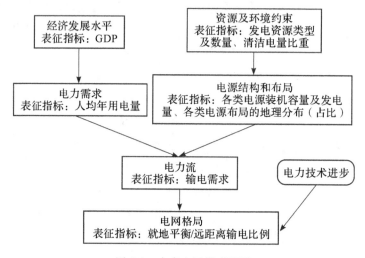

图 7-1　未来电网模式预测

1)电力需求:未来几十年是中国迈向现代化的关键时期,经济发展将从目前的高速增长逐渐走向平稳增长,经济发展方式从粗放型向集约型转变,经济结构实现战略性调整,区域经济协调发展,形成资源节约型、环境友好型社会。台州作为浙江沿海的区域中心城市和现代化港口城市,曾入选"2018 年中国大陆最佳地级城市 30 强",势必是未来中国高速发展的模范领军城市,是社会经济转型发展的先锋。2031—2050 年,中国人均 GDP 将迈入中等发达国家水平。根据人均 GDP 发展目标判断,届时中国人均年用电量可达到当前日本、德国等发达国家水平,约 8000 千瓦时。根据台州市统计局统计结果,台州则可达全国人均 GDP 的 1.2~1.3 倍,台州市人均年用电量约 10000 千瓦时。

2)电源结构:截至 2018 年年底,台州电网电源总装机容量为 1406.51
万千瓦,其中台州电厂装机容量 136 万千瓦,以 220 千伏电压等级上网;华
能玉环电厂煤电装机容量 400 万千瓦、三门核电 250 万千瓦、台州电厂二期
煤电 200 万千瓦、仙居抽水蓄能电站 150 万千瓦,桐柏抽水蓄能电站 120 万
千瓦,以 500 千伏电压等级上网;非统调电厂装机 150.51 万千瓦,其中火电
装机 19.9 万千瓦,水电装机 27.7 万千瓦,风电装机 19.8 万千瓦,太阳能装
机 82.7 万千瓦,其他装机 0.41 万千瓦(图 7-2)。整体来看,当前台州煤电
火电装机占比 53.74%,水电装机占比 21.17%,核电、风电、光电等新能源
装机占比 25.09%,能源体系与长远目标相比仍相对粗放。

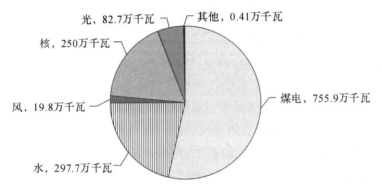

图 7-2　台州各类电源装机容量分布图

目前粗放的能源体系将经历一场革命性的转变,实现这一转变的关键
在于贯彻能源消费总量控制的能源发展战略,实现"以科学供给满足合理需
求"的能源电力发展模式。为此,设定水电、风电、太阳能、核电、气电等清洁
能源电力的发电量占总发电量的比例为 50%～70%,余下部分是煤电,约
占 30%～50%。以煤电和清洁能源发电的发电量比例为指标,按能源发展
与未来电网的战略目标划分为初步达到(50∶50)、基本实现(40∶60)、充分
完成(30∶70)。目前,台州市即将达成 50∶50 的初步目标,未来需要向
40∶60 乃至 30∶70 迈进。

3)电力流和输电需求:当前,台州地处浙江沿海、中国东部,是电力负荷
中心城市之一。虽然在未来 40 年中,电力负荷将呈现从高速增长向相对缓
慢增长过渡、负荷中心"西移北扩"两大特点,但总体上负荷中心仍主要分布

在中东部地区。随着工业化进程及城市化进程的推进,未来中国第二产业的用电比重不断下降,第三产业和居民用电的比重将不断上升,台州也不例外。预计2050年中东部主要负荷中心用电量比例仍将占全国75%左右。

从全国范围内的远期来看,煤电主要分布在煤炭资源丰富的西部、北部以及中东部负荷中心,按西部和中东部各占50%考虑;水电,包括大型水电基地和小水电取决于资源分布,中东部占20%,西部占80%,其中西南地区占60%;风电、太阳能等非水可再生能源发电,中东部约占50%,包括沿海风电和分布式开发,而西部、北部占50%,主要是大基地的集中式开发;核电、气电则主要分布在中东部负荷中心。根据周孝信院士在《中国未来电网发展模式和关键技术》中所述,以此推算2050年电源分布为中东部装机容量略大于西部、北部,大致比例是53:47(设定中东部地区的电源发电量就地消纳,西部、北部电力电量外送比例按40%~50%考虑)。根据全国电力电量平衡,西部和北部的外送电力流总量仍高达数亿千瓦。未来"西电东送"、"北电南送"的电力流格局没有改变,只是由目前以水电和煤电为主的大容量远距离外送,逐步转变为水电、煤电、大规模风电和荒漠太阳能电力并重外送。因此,电网的功能由纯输送电能转变为输送电能与实现各种电源相互补偿调节相结合。台州作为东部沿海城市,其未来电网必须与国家大型输配电网相联系。随着用电量的上升,风、光、核电等新能源发电比率与装机容量占比上升,台州地区在自身消纳新能源发电的同时也可能逐渐需要接收外来电力的供应,未来电网的网架也需要与之相适应。台州未来电网的发展模式总结如下。

1)多元融合模式:台州未来电网的发展是多元融合的。在能源方面,充分发挥其山海水城的资源丰富的特点,既要适应水能、潮汐能、海上/陆上风能、太阳能发电等可再生能源电力以及清洁煤电、核电等集中发电基地的电力输送、优化和间歇性功率相互补偿的需要,也要适应对分布式能源电力开放、促进海岛微网发展、提高终端能源利用效率的需求。在未来电网建设方面,应加强配电网的建设,提高配电的自动化和智能化水平,构建坚强可靠的配电网网架,提高分布式电源的消纳能力和微电网的规模化接入能力。总体而言,台州未来电网建设的过程中也需要加快推进综合能源服务建设,朝着一体化供应的总方向发展,为社会提供能源一体化解决方案、搭建智慧能源管理平台、开展基于电能的冷热供应、创新未来电网下的商业模式等。

2）绿色集约模式：台州未来电网的发展是绿色、低碳、可持续的。新能源发电将逐步替代传统化石能源发电，新能源装机与发电量的占比在未来会有很大程度的提升。台州将借助东部沿海这样独特的地理位置，因地制宜，其海上风电、潮汐发电、太阳能发电等新能源发电技术随着硬件水平的提升将得到大力的推广，传统煤电所占比率将会大幅度下降。台州未来电网也将从传统粗放的模式转变为以水能、新能源发电为主的绿色集约模式。

3）灵活协调模式：台州未来电网的发展是灵活、协调且能兼顾自身平衡的。从电力流和电力需求来看，中国将始终存在大容量远距离输送电力的基本需求。中国未来电网发展的中长期，虽然经济和技术发展的不确定性因素较多，但可以肯定的基本趋势是中国西部水电、西部与北部的超大规模荒漠太阳能电站、北部西北部大规模风电等将有很大发展。随着经济的高速发展，台州新能源装机总量将会增大，由此会出现两种状况：第一种为海上风电、光电、潮汐发电等得到大力发展，满足自给自足的同时又能给周边城市输送电力；第二种状况为经济发展迅猛，虽然装机总量增大，但出现无法自给自足的状况，需要来自中国北部、西部电力的供应。台州未来电网的发展必须灵活地适应这两种情况，兼顾自身新能源消纳、向外送电以及接收外来电力供应，实现供需平衡、协调优化输配电网将是台州未来电网在电力输送与分配上的主要格局。与此同时，台州也要平衡可再生能源比例上升给电网带来的一系列诸如随机性、波动性、间歇性等威胁，合理规划分布式发电和储能设备，在保证电网绿色集约发展的同时兼顾自身灵活可靠性，提高新能源消纳能力。

4）智能高效模式：台州未来电网是智能化、高效率、可互动的。新一轮科技革命和产业变革席卷全球，大数据、云计算、物联网、移动互联、人工智能等多种新技术不断涌现，数字经济正深刻地改变着人类的生产和生活方式，成为社会经济增长的新动能。"大云物移智"是新时代信息化、互联网发展的产物，已逐步在电网领域进行应用，将推动未来电网的智能化高效发展。未来电网要探索如何通过推动新技术与电网生产、运营、服务进一步深度融合，为生产方式变革和服务模式创新注入新动力，丰富业务和商业模式，推动转型审计和提质增效。在能源转型与电力体制改革背景下，结合大数据、云计算、物联网、移动互联网、人工智能等关键技术,能源互联网、电力物联网等新型电网形式也竞相涌现,智能高效也将成为未来电网的重要特点。未来电网是一个庞大的复杂系统,海量数据的收集处理、传输控制以及对装备的智能化调度控制等对传统电网产业提出了新的挑战。运用"大云物移智"等新兴互联网技术——作为未来电网创新发展的技术支撑,能更好地提升未来电网的智能化水平,扩大未来电网的服务范围,提升服务质量。台州未来电网将广泛、灵活地运用上述新技术,让源、网、荷、储、市场呈现出智能高效的发展模式。

综上所述,台州未来电网的发展模式可以归纳为"以能源转型为导向,以新能源发电技术为依托,以大云物移智等关键技术为动力的多元融合、绿色集约、灵活协调、智能高效的电网发展模式"。

从现在起到 2050 年将是台州从当前电网模式向未来电网过渡的时期,受经济、能源、技术等因素发展的巨大惯性影响,电网模式具体的转变将是漫长的,可以分为近中期(现在—2030 年)和中长期(2031—2050 年)两个阶段[8]。从现在起至 2030 年的近中期阶段,台州电网将延续第二代电网的基本形态,大力发展相关技术,为未来电网的发展打下基础。2030—2050 年的中长期阶段,未来电网的特征将逐渐显现并得到发展,技术发展的积累和突破将对电网模式产生较大的影响,配网发展趋势与受端状况也将从更具体的角度对未来电网发展模式产生影响。

与此同时,台州未来电网在"以能源转型为导向,以新能源发电技术为依托,以大云物移智等关键技术为动力的多元融合、绿色集约、灵活协调、智能高效的电网发展模式"下,贯彻落实国家关于能源转型、电力体制改革、"互联网＋"的相关政策,也应当具备下面五个方面的特征:①广泛互联:实现对数量庞大、随机性强的分布式能源和电力用户的统筹管理;②智能互动:实现电网各个环节的完全智能化,实现系统与用户、用户与用户之间的互动和信息共享;③灵活柔性:具备灵活接纳各种分布式能源接入电网的特性;④安全可控:实现了从电网到用户用电环节全面安全可控;⑤开放共享:支持多种电源、储能装置、电力电子设备和多元用户的参与,实现信息技术与智能平台的共享,具备统一管理、发布自治、协调优化资源的系统能力。

总体而言,为实现具备广泛互联、智能互动、灵活柔性、安全可控、开放共享等形态特征的未来电网,台州需借助"以能源转型为导向,以新能源发电技术为依托,以大云物移智等关键技术为动力的多元融合、绿色集约、灵活协调、智能高效的电网发展模式",进而对未来电网演化路径进行探索,最终明确台州未来电网发展各个阶段建设中的关键任务与重点布局。

7.2 台州未来电网演化路径

在能源转型与"大云物移智"技术高速发展的背景下,当前能源获取方式以及功能手段在不断发生变化,新能源、分布式发电、储能、用户微网、充电桩等新型能源生产方式和消费模式不断涌现,能源行业逐步向绿色、低碳、高效和能源互联的方向发展[9]。

前文在台州未来电网发展模式研究中已经具体分析了大环境对台州未来电网的影响,也具体探究了该背景下台州未来电网的发展方向与目标。基于此,与电力相关政策相结合,继续对台州电网进行深入分析,研究台州未来电网演化路径的特征、台州未来电网发展各阶段的要素、台州未来电网演化过程中的技术特征,对台州未来电网的演化路径进行预测和分析,进而明确台州供电公司未来的战略方向和重点布局。

7.2.1 未来电网的演化路径

周孝信院士曾提出三代电网理论,其核心思想是,将电网和电力系统的发展历程归纳为三代电网,即以小机组、低电压为特征的第一代电网(小型电网),以大机组、超高压为特征的第二代电网(互联电网)以及大型集中性和分布式能源发电相结合、骨干电网与地方电网及微电网相结合的第三代电网(智能电网)。虽然当前世界各国电网发展水平参差不齐,但是总体上处于第二代电网向第三代电网的过渡阶段[1]。总体来看,20世纪前半期的电网属于第一代电网,以小机组、低电压、小电网为特征,是电网发展的兴起阶段;20世纪后半期的电网属于第二代电网,其大机组、超高电压、互联电网的特征标志着电网进入规模化发展阶段;从近些年开始建设并预计到

2050年后在世界范围内实现的第三代电网,以非化石能源发电占较大份额和智能化为主要特征,是可持续发展和智能化的未来电网,是现代电网、广义的智能电网、能源互联网、电力物联网等的综合体,是100多年来第一、二代电网在新形势下的传承和发展。第二代电网向第三代电网转变可以分为多个阶段,下面将对未来电网的发展建设过程及特征进行阐述,剖析当前电网发展面临的新形势和新问题,并对未来20～40年的电网技术发展进行展望。

国家发改委、国家能源局于2016年12月印发的《可再生能源发展"十三五"规划》《能源生产和消费革命战略(2016—2030)》指出,要全面协调推进风电开发,鼓励沿海各省(区、市)和主要开发企业建设海上风电示范项目,带动海上风电产业化进程;同时推动太阳能、生物质能、地热能、海洋能等新能源的多元化利用,并加强可再生能源产业国际合作。可再生能源发展的长期目标为:到2020年,全面启动能源革命体系布局,推动化石能源清洁化,根本扭转能源消费粗放增长方式,实施政策导向与约束并重。2021—2030年,可再生能源、天然气和核能利用持续增长,高碳化石能源利用大幅减少。展望2050年,能源消费总量基本稳定,非化石能源占比超过一半,建成能源文明消费型社会。因此,能源转型是中长期任务,需要逐步推进,其大体覆盖了整个未来电网的演化过程。

2015年3月,中共中央国务院发布《关于进一步深化电力体制改革的若干意见》(即9号文),开启了我国新一轮电力体制改革的序幕,提出全面实施国家能源战略、加快构建有效竞争的市场结构和市场体系、形成主要由市场决定能源价格的机制、转变政府对能源的监管方式、建立健全能源法治体系等一系列要求,明确了深化电力体制改革的重点任务主要包括输配电价改革、电力市场建设、增量配网放开、分布式电源市场建设等。电力体制改革是向未来电网演化过程中的重要环节,是中长期任务,主要在电网演化的后期阶段逐步深化、推进。

2019年1月,国家电网有限公司印发《关于新时代改革"再出发"加快建设世界一流能源互联网企业的意见》;同年,国网公司"两会"做出全面加快打造具有全球竞争力的世界一流能源互联网企业的战略部署;同年3月,国家电网召开电力物联网建设工作部署会议,对建设电力物联网做出全面部署安排。这些政策、会议均指出要深化"大云物移智"等互联网技术的运用,构建电力物联网,打造世界一流能源互联网。互联网信息技术在电力行业中的融合运用从长远来看属于远期任务,主要在演化的后期快速推进,是未来电网实现智能化的关键。

结合相关背景与政策,可以将未来电网的演化路径归纳为以下三个阶段(图7-3;表7-1)。

图7-3 演化路径

(1)雏形期

雏形期是台州未来电网演化的第一个阶段,是依托大机组、大电网形成规模效益,承载一定比例可再生能源的阶段,主要特点为以特高压交直流输电为主干,各电压等级交流电协调坚强的输电方式。通过大机组、大电网的规模效益体现经济性,实现大范围的资源优化配置能力。可再生发电装机渗透率为20%~35%,非水可再生发电装机渗透率为5%~20%。全市可再生能源电量占比20%~30%,非水可再生能源电量占比在15%以下。能源转型是长期任务,覆盖了电网演化的三个阶段。因此,该演化阶段电网建设的主要内容是新能源替代,是能源转型的初期阶段。台州地区光能、风能、潮汐能、核能、生物质能等新能源发电将逐步替代传统煤电,新能源装机总量不断上升,发电量与装机容量占比将不断提高。

(2)蜕变期

蜕变期是台州未来电网演化的第二个阶段,是在雏形期的基础上进行的,是实现可再生电源高渗透率友好接入、具备一定比例负荷侧响应能力、电力传输柔性灵活、电力系统人工智能化的阶段。该阶段在雏形期的新能源替代上更进一步，逐步实现高比例可再生能源的接入，并提升电网可再生能源消纳能力，是能源转型的巩固阶段。在此期间，通过规范制定及技术提升，实现可再生能源（特别是新能源）的友好接入，明确可再生能源上网"权责利"界限，总体将可再生发电渗透率提高至50％，基本具备新一代电力系统主要形态。

该阶段，电化学储能技术实现100兆瓦以上量产化，具备一定比例双向负荷参与电力响应控制。全面形成微电网、微能源网、综合能源站等供能体系。物联网、人工智能等技术逐步融入电力生产各环节，极大提升生产力。

此外，电力体制改革是中长期任务，是电网演化后两个阶段的主要内容。因此，该演化阶段电力体制改革逐步深化，输配电价改革全面推广，新型电力市场建设基本完成，增量配网放开，分布式电源及储能大力发展；形成完善的市场化交易机制；建立相对独立的电力交易机构，形成公平规范的市场交易平台；推进发用电计划改革；推进售电侧改革，有序向社会资本放开售电业务。

（3）智融期

智融期是台州未来电网演化的最后一个阶段，是完善成熟阶段。能源方面，在蜕变期的基础上继续发展，这是能源转型的成熟阶段，可再生能源成为主要电源，所占比例超过50％，大型骨干电源与分布式电源相结合，分布式电源、储能及广泛负荷群体具备响应调控能力。体制方面，该演化阶段是电力体制改革的优化阶段，形成了统一开放、竞争有序的新型电力市场体系。电网结构方面，国家级主干输电网与地方电网、微电网协调发展；采用大容量、低损耗、环境友好的输电方式（如特高压架空输电、超导电缆输电、气体绝缘管道输电等），智能化的电网调度、控制和保护，以及双向互动的智能化配用电系统等。技术方面，互联网信息技术运用是远期任务，是电网演化最后一个阶段的主要内容，故该演化阶段是关键技术发展与应用的快速期，深化大数据、云计算、移动互联网、物联网以及人工智能等关键技术的运用，融合先进信息通信技术、电力电子技术、优化和控制理论和技术、新型电力市场理论和技术等，形成完整的技术体系，打造成熟的电力物联网，实现安全经济运行与全方位、全环节智能高效化；总体实现清洁电力为主导、全环节智能可控、广泛互联综合调配,巩固提升电力核心地位,建成世界一流能源互联网。

表 7-1　未来电网演化路径的各阶段特征

判别特征	雏形期 ⟶	蜕变期 ⟶	智融期
可再生能源装机比例	可再生发电装机渗透率为 20%～35%;非水可再生发电装机渗透率为 5%～20%	可再生发电装机渗透率为 35%～50%;非水可再生发电装机渗透率为 20%～40%	可再生发电装机渗透率为 60%～70%;非水可再生发电装机渗透率为 40%～50%;非水可再生能源人均装机达到 1 千瓦
可再生能源电量占比	全市可再生能源电量占比为 20%～30%;非水可再生能源电量占比在 15% 以下	全市可再生能源电量占比为 30%～50%;非水可再生能源电量占比为 15%～25%	全市可再生能源电量占比为 50%～70%;非水可再生能源电量占比 25% 以上
新能源及储能技术发展	风光发电成本明显下降,多主体广泛参与建设	风光发电平价上网,集中式新能源实现柔性可控入网;100 兆瓦以上化学储能具备量产条件,常规度电成本下降至峰谷差价	分布式储能及电动汽车形成成熟效益体系,广泛适用于市场
需求响应	在有电力控制需求时,通过计划和政策,刚性限制负荷	20%～30% 用户形成双向互动负荷;有电力控制需求时,超过 10% 用户可作出响应	50% 居民用户、80% 工商用户形成双向互动负荷,具备夏季高峰 5% 左右调峰能力
输电方式	特高压交直流输电为主干,各电压等级交流电协调坚强的输电方式	柔性交直流关键技术取得突破,关键装备国内量产,可靠性明显提升	柔性交直流建设成本显著下降,与传统电力设备成本达到同等数量级
多能互补业态	个别地区出现以微电网、能源站等小区域示范项目为载体探索多能联供	多能联供产生明显经济效益,多类参与者借助增量配电网项目广泛进入,用户渗透率达到 5%～10%	多能联供市场及微电网供区供能体系成熟,用户渗透率超过 20%

续表

判别特征	雏形期 ⟶	蜕变期 ⟶	智融期
市场模式	引入电力市场机制,政策上有条件开放售电侧,允许外资控股	大量供应商与用户同时具有生产、消费、销售多重角色,市场参与者角色复杂化	统一开放、竞争有序的新型市场体系,形成完善的能源与碳资产交易市场
经济性和资源优化配置能力	通过大机组、大电网的规模效益体现经济性,实现大范围的资源优化配置能力	通过对市场中新能源、储能、具备响应能力的双向用户等多类新型参与方综合调配,进一步达到经济与配置的优化	广泛对市场内各类主体进行综合调配,实现效益和经济性最优
电力生产方式	多岗位专业化生产,全环节具备自动化和信息化,大多数工种依赖专业技能和经验	生产装备革新,物联网、人工智能技术融入,对电力生产起到辅助,效能提升 10%～20%	"大云物移智"技术全面支撑电力生产,生产方式全面转向智能化管理、操控

7.2.2　未来电网的几类前瞻技术

与传统电网相比,未来电网的使命将发生重大变化,未来电网将成为:①大规模新能源电力的输送网络,具有接纳大规模、高比例可再生能源电力的能力;②灵活、高效的能源配置和供应系统,建立用户需求响应机制,分布式电源和储能将改变终端用电模式,电能将在电网和用户之间双向流动,大幅度提高终端能源利用效率;③安全、可靠的智能能源网络,具有极高的供电可靠性,基本排除大面积停电的风险;④覆盖城乡的能源、电力、信息的物联网和综合服务体系,实现"多网合一",成为能源、信息的双重载体;⑤全环节智能化网络,深化"大云物移智"等技术运用,提升电网生产、传输、用电、市场等各个环节的效率。

上述五点重大变化也是建设未来电网的重大需求。基于此,我们对未来相关科技发展趋势进行预测,提出几类能促进传统电网转型并可能给未来电网带来重大变革的前瞻性技术,为超前部署基础理论研究和技术开发提供参考。

（1）大容量储能技术和电动汽车

储能是未来电网适应大规模可再生能源接入、用户智能化与互动化以及变革传统电网升级模式等诸多问题的最佳解决方案之一。可行的大规模电网储能方式有抽水蓄能、压缩空气储能等物理储能，以及氢能燃料电池、锂电池、液流电池、铅酸电池等化学储能。

高性能大容量电池储能系统的技术核心是电池本体技术、系统集成与应用技术[10]。电池本体关键技术主要是要突破电池原材料制备技术和电池本体制造技术，系统集成与应用技术着重解决围绕不同应用场景的储能配置与优化问题。此外，电池模块制造及组成、电池管理、能源转换与能量管理等技术也是储能技术的攻关方向。压缩空气储能是一项能够实现大规模和长时间电能存储的储能技术之一，也是目前大规模储能技术的一个研发热点。未来储能技术的重大突破，将带来储能装置技术经济指标的显著改善，储能技术在电力系统中的广泛应用将在发、输、配、用电的各个环节给传统电力系统带来根本性的影响。储能技术是当代电网和电工技术研发的重点方向。

发展电动汽车是具有战略性的一项事业[11]。要实现电动汽车产业规模化发展，电动汽车的充电服务模式以及电动汽车充电对电力系统的影响、支撑电动汽车发展的基础设施和技术标准等关键技术问题亟须研究，包括：临时性快速充电对电网产生短时性负荷冲击；电动汽车存储电能需通过逆变向电网反向馈送时的电能质量问题和无功功率平衡问题；给电网的规划和调度运行带来新的问题，尤其是配电网规划和大系统的调峰（如何利用电动汽车作为大电网的储能手段和负荷响应，或作为需求侧管理的手段）；电力市场交易、双向计量表计、通信等问题；电动汽车及充电站的标准问题等。

（2）大容量直流断路器和直流电网

直流电网有可能成为未来主干输电网的构成模式，在大规模风电接入系统和高渗透率分布式电源接入的配电系统也有应用的前景[12]，其中经历多年发展的多端直流输电（multi-terminal HVDC，MTDC）技术和正在研发的大容量直流断路器技术是直流电网的重要技术基础。多端直流输电系统指含有多个整流站或多个逆变站的直流输电系统，其显著特点在于能够实现多电源供电、多落点受电，提供一种更为灵活、快捷的输电方式。随着大功率电力电子全控开关器件技术的进一步发展、新型控制策略的研究、直流输电成本的逐步降低以及电能质量要求的提高,基于常规的电流源换流器(current source converter,CSC)和电压源型换流器(voltage source converter,VSC)的混合 MTDC 输电技术、基于 VSC 的新型 MTDC 技术将得到快速发展,为大区电网提供更多的新型互联模式,为大城市直流供电的多落点受电提供新思路,为其他形式的新能源接入电网提供新方法。多端直流输电技术与大容量直流断路器组合形成的直流电网,能够快速切除故障,确保电力电子装置和系统的安全。要重点加快直流断路器的研发进程,研究加强直流电网的系统研究,包括建模仿真分析、稳态和暂态特性、控制和保护方法等关键科学和技术问题[13]。

(3)分布式电源与微网的广泛应用

微网技术为分布式发电技术及可再生能源发电技术的整合和利用提供了灵活、高效的平台,是电力产业可持续发展的有效途径[14]。随着包括风电、光伏等可再生能源和高效清洁的化石燃料在内的新型发电技术的发展,分布式发电系统(distributed generation system,DGS)日渐成为满足负荷增长需求、减少环境污染、提高能源综合利用效率和供电可靠性的一种有效途径。DGS 具有投资少、发电方式灵活、可与环境兼容等优点,将在配电网中得到广泛的应用。未来,在分布式电源和微网方式逐渐普及并占有电网发电和供电相当比例的情况下,如何相应改变电网的管理模式、市场化运作机制及运行控制方式,成为必需研究解决的理论和实际问题。

(4)电网的信息安全

信息化在实现未来电网主要目标(灵活、高效、可持续、节能环保、高可靠性和高安全性等)的过程中起着举足轻重的作用。然而,信息化程度的提高给电网也带来诸多安全隐患,如信息采集环节、传输环节、智能控制和电网与用户互动环境下均存在不同程度的安全风险。信息化带来的种种安全隐患或危害,均可视为对信息网的有意或无意攻击,其影响一般表现为信息网的相继故障,从而可能引发信息网瘫痪,严重时故障可能穿越信息网边界并波及物理网,进而导致物理网连锁故障。极端情况下,相继或连锁故障在信息网和物理网之间交替传播,严重威胁电力系统安全运行,应予以高度重视并加以超前研究,形成能主动抵御网络风险的信息物理系统。

(5)大数据、云计算、人工智能、移动互联网、物联网等信息技术

未来,电力系统、能源系统的生产运行会产生海量的生产、运行、控制、交易、消费等数据。传统电力系统分析的理论与方法无法有效挖掘能源大数据中蕴藏的价值,因此迫切需要发展针对能源系统、电力系统的大数据分析与挖掘方法,开展面向能源系统、电力系统的数据科学研究具有重要的理论与应用价值。电力大数据也可用于负荷预测、电动汽车充电设施需求、供电可靠性分析、用户参与需求响应潜力分析等场景,从而实现支撑配电网规划和运行、完善信息系统、提高用户满意度等价值。

随着信息技术的进步和大数据时代的到来,越来越多的用户能访问更广泛的信息资源,以往单个物理机难以对大数据进行处理,用户亟须可扩展、可定制、高效可靠的计算模式来支撑其应用需求。在这种情况下,分布式计算、网格计算和效用计算混合演进形成了现如今较为成熟的云计算服务模式和商业模型,云计算也必将成为未来大数据时代的重要应用。

此外,当前社会正处于移动互联网时代,移动互联网将移动通信和互联网二者结合起来,使之成为一体。随着互联网技术、平台、商业模式和移动通信技术的不断发展以及移动终端设备的日益普及,移动互联网技术的发展进步被注入了源源不断的动力。传统电力行业在移动互联网时代也迎来了新的发展契机。特别是在"互联网+"概念提出以后,移动互联网领域已经不单是寻求技术上的突破,也更加注重与传统行业的融合发展。电力行业作为关系国计民生的基础性行业,更需要加深与移动互联网等技术的融合,创造新的服务模式及发展生态。通过发挥互联网在社会资源配置中的优化和集成作用,利用移动终端操作的便捷和高效,可将移动互联网的创新成果广泛应用于电力、经济等各领域之中,提升全社会的创新力和生产力,形成更广泛的以互联网为基础设施、以移动应用为实现工具的经济发展新形态。与此同时,人类社会正推崇万物互联,即物联网。物联网将给社会发展、电网发展带来新契机,电力物联网便是国网目标打造的电网形式。

大数据是人工智能的土壤,利用存储在云平台上的海量数据以及云平台的计算资源,通过人工智能的学习能力,对海量数据进行加工、挖掘、分析、处理,训练出针对某一领域的智能系统。云计算是人工智能的助推器,人工智能所需要的数据和计算资源都可以在云端获得,并且通过云计算为

人们提供服务。移动应用是人工智能的应用场景,智能系统可以通过移动应用做出行动(如信息展示、推荐等),为人类的生产、生活提供更好的服务。物联网是人工智能的视觉、听觉、味觉、触觉器官,通过物联网产生、收集海量的数据并存储于云平台。融合大云物移技术,搭建集成发电、输电、变电、配电、用电各环节与感知预测、管理控制、安全维护各功能于一体的电力智能化平台,消除数据壁垒,真正实现能够提供给人工智能学习运用的数据基础完善电力系统数物结合思想[15]。

7.3　台州未来电网重点布局

前文主要讨论研究了台州未来电网发展模式与演化路径,这对于优化能源结构、推动节能减排以及促进经济长期平稳发展具有重要意义。在此基础上可以进一步根据国家能源转型、电力体制改革、互联网信息技术运用等相关政策,结合台州自身"山海水城、和合圣地、制造之都"的特色,因地制宜,对台州未来电网发展进行多方位的重点布局。

台州未来电网发展的重点布局应遵循以下几个原则:①坚持创新驱动。坚持把创新摆在未来电网发展全局的核心位置,通过支持原始创新、集成创新和在引进消化吸收基础上的再创新,突破一批重点领域关键共性技术。融合新时代"大云物移智"等信息化技术,将创新作为驱动电网发展的新动力。②坚持统筹规划。进行电网的产业链升级,统筹规划上、中、下游各个产业,统筹输配电网、微网等协调优化,实现未来电网相关产业的全面协调发展。③坚持集散并重。坚持集中式与分布式相结合的能源供应模式,实现能源的大规模生产分配,以及提升清洁能源的就地消纳。④坚持市场导向。坚持电力体制改革相关规范,适应市场的发展形势要求,让能源消费者积极参与市场,实现市场资源的灵活互动配置。⑤坚持因地制宜。结合台州区域特点,进行因地制宜的发展模式探索,寻找台州地区的可持续能源发展模式,自适应能源地区特点。⑥坚持绿色发展。着力开展绿色制造、绿色分配与绿色消费的发展方式,未来电网是一个能源利用率高、绿色可持续发展的网络,是一个综合能源可持续服务商。

7.3.1 电源发展建设

根据中国《能源生产和消费革命战略(2016—2030)》提出的"两个50%"政策目标,到2030年,非化石能源发电量占全部发电量的比重将达到50%;2050年,非化石能源消费比重超过50%。除此之外,2019年国家电网公司年中会议及24届世界能源大会全体会议中也同样指出,预计到2050年,我国能源发展会出现"两个50%",即在能源生产环节,非化石能源占一次能源的比重会超过50%;在终端消费环节,电能在终端消费中的比重会超过50%。因此,未来中国将会呈现显著的电能替代趋势,可再生能源将逐步取代化石能源的地位。台州地处浙江沿海,有着"山海水城"之称,水能、风能、光能、海洋能等自然资源丰富。国家发改委和国家能源局于2016年12月印发的《可再生能源发展"十三五"规划》《能源生产和消费革命战略(2016—2030)》也指出需要积极稳妥发展水电;全面协调推进风电开发,鼓励沿海各省(区、市)和主要开发企业建设海上风电示范项目,带动海上风电产业化进程;同时推动太阳能、生物质能、地热能、海洋能等新能源的多元化利用。为此,台州未来电网的发展需结合台州地区自然资源的特点,因地制宜,对相关电源的发展进行重点布局与建设。

(1)水力发电建设

台州地处东南沿海,背山面海,望水而生。经过多年不懈的努力,台州全市市域黑臭水体、劣 V 类水质断面基本消除,"大河清清小河净"已成为百姓家门口的寻常风景,水资源的管控与开发已有了极大的提升与进步。

截至目前,台州市水电装机容量共297.7万千瓦,台州北部已建成仙居和桐柏抽水蓄能电站,装机容量分别为150万千瓦和120万千瓦,分别送至金华和绍兴。天台地区还规划建设一座天台抽蓄电站,装机容量为180万千瓦。总体而言,台州地区水电开发程度较高。未来台州水电资源的开发与利用需保持良好的态势,稳中求进,合理提升台州电网总体水电装机容量,最终实现台州地区水资源的高水平、高效率利用。

(2)光伏发电建设

近年来,台州市安装光伏发电系统的房屋、厂房和商业以及公共设施建筑越来越多。光伏发电已经与台州居民生活、农业生产、工业生产以及商业都产生了联系。这些光伏发电的发展与政府政策支持以及人民生活水平的提高密不可分。早在2016年年底,台州就有1600余户居民分布式光伏发电项目,发电容量将近8700 kVA;到2020年,台州全市建成家庭屋顶光伏装置8万户以上。东南沿海最大农光互补光伏电站(图7-4)也落户于台州玉环,项目规模200 MW。

图7-4　农光互补光伏电站

图源网址:https://new.qq.com/omn/20180426/20180426A0K9RV00

　　光照资源绿色清洁且取之不尽、用之不竭,大力发展光伏产业可以极大地缓解能源压力。光伏发电是21世纪新能源革命中推动能源转型的重要技术,也是未来电网发展的重点方向[16]。台州应延续近年来的举措,通过政策支持分布式光伏产业发展,鼓励通过技术的革新,解决分布式光伏发电并网问题,并在未来发展中将其向产业化、规模化、标准化推进,实施百万家庭屋顶光伏工程,大力发展工业厂房、公共建筑屋顶光伏,建成一批分布式光伏发电应用示范区,建设吉瓦(GW)级太阳能电池生产基地。另一方面,随着电力市场化改革的不断深入,台州也应出台与之相适应的可再生能源发电市场交易规则,通过政策宣传等手段提高用户对电力市场的认可程度和参与交易的积极性,推动可再生能源发电"余量上网"。

　　(3)风力发电建设

　　中国新能源战略把大力发展风力发电设为重点[17]。《可再生能源"十三五"规划》指出,按照"统筹规划、集散并举、陆海齐进、有效利用"的原则,着力推进风电的就地开发和高效利用,有序推进大型风电基地建设,积极稳妥开展海上风电开发建设,鼓励沿海各省(区、市)和主要开发企业建设海上风电示范项目,带动海上风电产业化进程。

浙江省风能资源的空间分布总体呈现近海风能区(等深线 50 米以内的海域和近海岛屿)、沿海风能带(杭州湾南岸、甬台温沿海岸区)和内陆风能点(千米以上的高山山顶山脊)的特征,风速和风功率密度由近海—海岸—内陆逐渐递减。全省有开发价值的风电基本分布在近海海域、海岛、沿海滩涂和高山上。

浙江省风能资源表明,沿海区域 70 米高度年平均风速为 5.5～6.5 米/秒,由于该区域大部分处于台风影响区,风机安全等级大部分为 II 类,部分区域可选择 III 类,年等效满负荷小时约为 1900～2400 小时,单位投资成本约为 7300～7800 元/千瓦。以一个 10 兆瓦分散式风电项目为例,单位投资成本按 7500 元/千瓦,年利用小时为 2100 小时,电量全额上网,其他财务边界条件按常规计算,项目投资 IRR 约为 12%,资本金 IRR 约为 19%,已具备较好的开发价值。根据估算,预计利用小时数每增加 10% 或投资成本每下降 10%,IRR 增加 1%～1.5%。

台州地处浙江中部沿海,海岸线长 1660 公里,风能资源较为丰富,为台州发展风力发电产业提供了良好的基础条件。台州目前在大陈岛、括苍山顶、温岭东海塘区、玉环海上等都建设有风力发电站,总装机容量达 100 万千瓦,积累了丰富的风力资源开发经验。未来,台州也应继续推进海上风电建设,响应《浙江省能源发展“十三五”规划》对大力发展光伏发电、海上风电的号召。

在当前这样一个新能源开发与利用的机遇期,台州能否做到顺势而行,将台州风力发电推向更高的层次,关系到台州未来新能源发展以及台州未来电网发展的重要战略走向。因此,台州应当在明确自身发展风力发电优势与潜力的基础上,充分发挥优势,深入挖掘自身风力资源的潜在储量,为台州经济发展注入“绿色能源”的新鲜血液。考虑到风力发电具有高投入、投资周期长等特点,台州市政府的大力推动与扶持将在发展风力能源的过程中起到决定性作用。台州要适时抓住机遇,建立完善风电开发利用专项资金和“绿色电价”机制,积极实施近海风电示范项目,储备技术,积累经验,推进沿海、海岛风电基地的建设,规模化开发海上风能资源,规划建设一批风电场和风电设备研制项目,加快形成沿海和海岛风电产业链;同时积极开展海上风电基地建设的前期研究准备工作,统筹考虑建设条件、海洋综合利用和自然灾害等因素影响,按照距大陆海岸由近及远的原则,逐步开发沿海、海岛、海上大规模风电基地。

(4)潮汐发电建设

台州作为浙江沿海的区域性中心城市和现代化港口城市,地理位置优越,背山面海,望水而生,海洋资源丰富,可开发潮汐能理论容量 104.81 万千瓦,年可发电 26.81 亿度,但是目前潮汐能发电开发利用并没有达到应有水平。随着经济快速发展和人民生活水平持续改善,社会对清洁能源的电力需求将进一步提高,为此,台州必须从实际出发,充分发挥潮汐能资源优势,积极开展海洋能发电技术的研究与示范,探寻海洋能利用的各种技术途径,开展大功率机组的潮流能发电试验和大面积推广选址的论证。基于温岭江厦和玉环海山潮汐潮能电站成功运营的实践经验,加快建设万千瓦级潮汐发电示范项目(图 7-5),推动沿海潮汐能、潮流能的产业化开发利用。与此同时,采取有效措施推动三门县健跳港潮汐发电示范项目建设,构建台州海洋能示范基地,为浙江省海洋能资源的规模化开发奠定基础。

图 7-5　潮汐发电

图源网址:http://www.hinews.cn/news/system/2016/04/06/030290191.shtml

(5)风光储一体化建设

风能、太阳能都是清洁可再生能源,有着广泛的应用前景,但其波动性、间歇性和随机性的特性使得风力发电、光伏发电独立运行都很难提供连续稳定的能量输出,大规模建设风力发电和光伏发电对当地电网的安全稳定运行势必会产生较大的负面影响。为此,台州未来电网在建设好光伏发电、风力发电的同时,需着手建设大型风光储输示范工程(图7-6),通过采用科学创新的技术手段,实现风力发电、光伏发电、储能系统以及电网输电的友好互动和智能化调度,进而破解大规模可再生能源发电并网运行的技术瓶颈,提高电网对大规模可再生能源发电的接纳能力,为可再生能源集约化发展及实现台州未来电网高质量电能替代提供有力的支撑。

风力发电和光伏发电对电网的影响是多方面的,除了谐波、电压波动等电能质量问题外,其能量输出的不确定性,使得电网在没有储能的情况下需要用数倍于其装机容量的常规发电机组参与调节才能有效地平抑这种波动。从目前技术条件来看,电网所能接受的可再生能源发电份额非常有限。为鼓励可再生能源开发利用,消除目前可再生能源发电对电网安全运行构成的威胁,从电源侧入手,采用各种有效的储能手段来平抑波动,并把可再生能源发出的电能部分或全部储存起来,按照实际需要有计划地送出是高效、高质量的一种方式。除此之外,台州地处浙江沿海,负荷需求极高,若能满足供需平衡,降低弃风弃光率,可以极大地协助台州未来电网高质量地发展。

图7-6 风光储一体化项目

图源网址:http://www.reviewcode.cn/yanfaguanli/153914.html

风光储一体化发电是一项全新的发电技术，也是一项涉及多个领域的系统工程。建设风光储一体化发电需要政府给予必要的政策支持和社会各界的通力协作[18]。未来，台州首先要加强风光储一体化发电工程的示范应用，通过借鉴西北大省示范工程的应用经验探索总结，形成独特的示范项目，并结合智能化电网建设的要求，制订和完善相应的建设标准和技术规范；其次，要加强电源和电网的规划与协调。

7.3.2 海岛微电网与储能建设

岛屿供电是新能源微电网应用的一个重要领域，也是台州这样的沿海城市未来电网建设的一大要点。通过建设光伏发电、风力发电、潮汐能发电等可再生新能源，可以为岛屿提供渊源不断的无污染的能源供应。对于已有柴油发电的岛屿，可以配合使用，减少柴油的消耗量，提高经济效益，减少环境污染和碳排放。

台州共有面积大于 5 平方公里的岛屿 695 个，其中大陈岛、东矶列岛、蛇蟠岛、大鹿岛入选浙江海岛大花园建设规划，海岛旅游业发展前景广阔。对于中大型群岛而言，由于对电力需求总量和可靠性均有较高的要求，因此往往通过海缆与大陆联网，而对于其他偏远小岛而言，由于最大负荷有限、输送距离较远、岛屿面积狭窄，铺设海缆在技术与经济方面需要付出更大代价。偏远海岛如果未与大陆主电网连接，其用电普遍需要依靠岛上的自备柴油发电机组，居民无法获得稳定可靠的电能，且对环境污染较大，对海岛居民的生产生活以及海岛经济和旅游业的长远发展造成极大影响。打造包括太阳能发电、风力发电、潮汐能发电和蓄电池储能系统在内的全新分布式供电系统，与海岛原有的柴油发电系统和电网输配系统集成为一个微电网系统，将是解决离网型海岛用电难问题的有效途径。

海岛微电网在国外已有多个案例，如美国夏威夷卡哈拉岛（Kohala）微型电网、希腊爱琴海基克拉迪群岛（Kythnos）微型电网示范系统等。我国现已建成或在建多个岛屿新能源微电网系统，包括浙江的东福山岛、南麂岛、鹿西岛，福建湄洲岛，广东的东澳岛，海南三沙的永兴岛，山东的长岛等。这些项目为新能源微电网在岛屿上的推广应用作出了很好的示范。台州在未来建设中应努力学习这些示范岛屿的技术,发展海岛微网,加快台州特色未来电网建设的步伐。

伴随着新能源发电技术的发展与微电网的建设,电网的可靠性会受到很大的影响。分布式发电的接入会给电网带来波动性、间歇性与随机性的问题,也存在诸多"弃风"、"弃光"现象。储能系统的引入可以极大地缓解相关问题,其具有削峰填谷、平抑波动、电网调频等作用,从而保证电网的可靠供电,因此是微电网、智能电网、可再生能源高占比的能源系统以及能源互联网的重要组成部分和关键支撑技术。目前,我国储能技术的研发应用取得了进展,已经初步具备了产业化的基础,电动汽车的高速发展也带动了储能产业的进步,台州近年来发展的氢能小镇就是储能产业发展的代表之一。

国家未来也将布局一批具有引领作用的重大储能试点示范工程,进一步加强电力体制改革与储能发展市场机制的协同对接,结合电力市场建设,研究形成储能应用价格机制;破除设备接入、主体身份、数据交互、交易机制等方面的政策壁垒,研究制定适应储能新模式发展特点的金融、保险等相关政策法规;加强储能技术、产品和模式等的知识产权管理与保护。台州市政府与台州电网公司在执行国家政策与部署的同时也应顺应储能行业发展的契机,出台相关政策,布局本地储能产业发展,推动风光储一体化建设,构建适应台州的储能商业模式,加快促进储能规模化增长,最终服务于未来电网建设。

7.3.3 电动汽车产业推广

随着全球能源危机的不断加深,石油资源的日趋枯竭以及大气污染、全球气温上升的危害加剧,各国政府及汽车企业普遍认识到节能和减排是未来汽车技术发展的主攻方向。加快培育和发展节能汽车与新能源汽车,既是有效缓解能源和环境压力,推动汽车产业可持续发展的紧迫任务,也是加快汽车产业转型升级、培育新的经济增长点和国际竞争优势的战略举措。

2016年,《浙江省能源"十三五"规划》提出加快推进终端能源用能清洁化,大力发展新能源汽车,加快快充电(加气)基础设施建设。同年,浙江省发改委提出《关于开展"十三五"电动汽车充电基础设施专项规划编制工作的通知》，指出完善的充电基础设施是电动汽车普及的基础和保障，推进充电基础设施建设是加快电动汽车推广应用的紧迫任务之一，并对各市编制时间和内容等方面提出了要求。作为减少碳排放和减缓噪声污染的有效途径，电动汽车及其配套设施的推广建设已纳入《台州市打赢蓝天保卫战三年行动计划（2018—2020 年）》，目标在 2020 年底建成充电站 1000 余座，充电桩 2.1 万个以上；推广新能源汽车，每年新增及更新城市公交车中新能源比例达 75% 以上。

截至 2018 年年底，台州机动车保有量 177.79 万辆，而电动汽车保有量却不足 10000 辆，电动汽车及配套设施的发展还处于起步阶段。对此，台州需贯彻"桩站先行、适度超前"的总要求，遵循"市场主导、快慢互济"的原则，因地制宜分类推进充电基础设施建设发展，推进公交、环卫、出租与物流租赁（含邮政）等领域的专用充换电站以及社会公共停车场、交通枢纽站、公共服务设施、大型商超等区域的公用充电桩建设，并推进党政机关和国有企事业单位、居住小区等区域的自用充电桩建设。与此同时，台州市也需要完善充电服务体系，建立互联互通机制、强化建设运营管理、加强输配电网建设并探索有效的商业模式来支撑电动汽车的发展。

7.3.4　坚强智能电网建设

台州未来电网以火电、水电、风电、光伏、潮汐能发电等共同作为电力来源，其中分布式发电的大规模接入给电网带来了波动性、间歇性、随机性等一系列问题，极大地影响了台州电网供电的可靠性。与此同时，台州地处东南沿海，台风、雷电、大风、寒潮等灾害性天气可直接影响电网安全稳定运行，夏季受台风等极端天气的影响尤为严重。2019 年 8 月 10 日，超强台风"利奇马"在浙江台州温岭沿海登陆，使得浙江全省 1808 条输电线路发生停运，272 万余户供电受到影响，造成极大的经济财产损失。此外，台州当前电网仍然存在一些实际问题需要解决，主要体现为局部 500kV 电网供电能力不足，主变、断面重载情况严重、网架结构薄弱等。随着未来电力系统复杂性的增加以及社会对电能依赖程度的增长，极端自然灾害所引发的停电风险也越来越大，构建以特高压为骨干网架、各级电网协调发展的坚强、智能未来电网,增强电网的容灾和抗灾能力,提高供电可靠性,是台州未来城市发展的必然要求。然而,台州近年来不断加大招商引资和城市建设力度,旧城改造和新区建设全面铺开,土地资源愈加稀缺,用电负荷愈发集中,市区变电所在选址、布点上产生了诸多难点,线路路径的落地周期长、难度大,具有很大的不确定性,政府需要在土地规划和预留的相关政策上予以支持。

另一方面,大数据、云计算、物联网、移动互联、人工智能等多种新技术不断涌现,数字经济正深刻地改变着人类的生产和生活方式,成为经济增长的新动能。在电网领域,国家电网有限公司提出打造"卓越竞争力的世界一流能源互联网企业"的新时代战略目标,加速推动电气化与信息化深度融合,支撑未来电网的战略性发展,推动电力物联网建设,依托智能数据采集设备,利用云大物移智等互联网技术和5G等先进通信技术,实现考虑气象信息的可再生能源超短期出力预测、多时空负荷精准预测、源—网—荷—储协调优化控制,保障电力系统的安全、智能、经济运行[19]。

7.3.5 电力物联网建设

除前一节所述内容外,台州未来电力物联网的建设重点是要结合区域用能特征,积极探索源—网—荷—储协同互动的参与机制,推广源—网—荷—储协同服务,促进清洁能源消纳;加强与台州市政府的沟通合作,在城市能源互联网、能源大数据中心、电动汽车服务、多站融合、绿电交易等领域共建共享;充分利用社会资源,加强客户侧物联接入,推广网上办电,开展主动抢修,提升客户服务能力;创新营配业务贯通和数据治理模式,加强基建现场数据接入,开展多维精益管理、现代(智慧)供应链、数字化审计应用创新;加快推进数据接入和汇聚整合,探索构建完善的运营机制,围绕重点领域积极培育大数据应用成果,推动数据增值变现;切实做好各专业物联感知需求统筹,因地制宜,快速推进智慧物联体系建设,加快推动构建"国网云"新型运维体系和应用上云;结合台州自身业务需求,探索新技术应用。推进电力物联网综合示范深化建设和自行拓展建设任务实施,切实发挥示范引领作用和基层创新成效。

台州供电公司重点是要结合设备侧和客户侧物联网建设,加快推进分布式电源、电动汽车等新型能源和用能设施信息接入,创新低压侧源网荷储协同互动参与机制;创新营配贯通基础数据维护和治理方式,探索提升中低压配电网和所属主网设备建设运维精益化管理水平,加快实现配电网状态可视可控;充分发挥贴近客户的优势,创新客户用能主动服务新模式、新方法,探索建立客户基础数据自维护、自更新机制,优化数据采集方式;探索一线班组生产协同指挥新模式,优化作业过程,减少数据重复录入,切实降低基层负担;探索数据应用"众创"模式,以数据驱动基层现场作业质效提升;利用所属营业厅资源,创新能源电商新零售产品和服务模式[20]。

综合而言,台州未来应主动开展电力物联网理论和关键技术标准研究、核心装备研制,加快突破关键技术瓶颈,协同坚强智能电网建设,打造全面的电力物联网。

7.3.6　区域能源互联网建设

以智慧能源与互联网技术相结合为特征的能源互联网已成为国家"十三五"能源领域的重大战略性新兴产业,建设世界一流的能源互联网企业也是国网的重要战略。借助建设坚强智能电网与电力物联网的重要战略路径,打造能源互联网是未来电网发展的关键。

落实到地区,台州需与省级能源互联网乃至国家能源互联网相配合,打造富有地区特色的区域能源互联网。未来台州应充分挖掘现有电力输配网络的资产利用潜力,通过智能的传感、通讯以及分析技术,提高对于台州地区现有以及新增基础电网设施的利用率,节约配电网的基础设施投资。通过分布式发电、能量路由器、多能源系统能源与控制新技术的引进,提高整个台州地区供能系统的整体利用效率、节约能耗、降低台州地区商业用户的用电、用热、用冷、用气成本。通过灵活互动的机制创新、智能化的通讯控制技术,激活台州地区工业与居民用户侧的需求响应能力,通过能源互联网把能源的供应与消费"链接"起来,促进形成更加友好、高效的能源消费行为,使用户能够通过改进用能行为而获得经济效益[21]。通过构建台州地区开放、独立、多边接入的互联网式的能源交易运营平台,在能源的供应、消费体系中建设一个能源交易、共享的平台,撬动社会各界对于分布式能源的高效利用,激活第三方资本与民间力量参与,彻底改变现有能源产业的产业结构与行业组织方式,催生出大量新兴的产业机会和经济增长点,促进地区的产业集群与升级[22]。

与此同时,台州还应通过建设风力、光伏、光热、分布式冷热电三联供、冰蓄冷装置、电动汽车充(放)电桩、智能家居系统等清洁能源生产、消费、存储设备,提高整个台州地区供能系统的整体利用效率、降低污染排放,改善台州及周边城市环境。通过建设配电以及供热、供冷管网优化能源生产环节,科学规划配电以及供热、供冷管网,提高能量传输效率以及传输环节基础设施的利用效率,降低能源设施对土地以及其他社会资源的消耗。未来加强对多能源系统能源控制、智能调度等新技术的引进,可以提高整个供能系统的整体利用效率,节约能耗,降低用能成本,实现能源的低碳化供应[23]。打造多能源系统能量管理控制系统将对周边地区能源结构转型研究探讨提供充分的示范效益。

综合而言,台州应密切联系相关政策及区域特色,借助坚强智能电网及电力物联网的建设,打造好区域能源互联网,助力未来电网的发展。

7.3.7 综合能源服务发展

综合能源服务是电力市场环境下电网公司未来的重要商业模式。随着能源转型的不断深入,用能高效化、清洁化、低碳化成为国际共识。布局园区综合能源服务,采用天然气、冷热电联供、分布式能源和智能微网等方式,实现多能协同供应和能源梯级利用,从而提高园区能源使用效率,降低企业用能成本[24],是电网公司推动综合能源服务体系建设、向能源互联网公司转型的重要手段。

台州是中国民营经济创新示范区和民营经济创新发展综合配套改革试点城市,拥有"医药产业国家新型工业化产业示范基地"、"中国缝制设备之都"等50多个国家级产业基地称号,现有制造业市场主体12万户,规模以上企业3600多家,培育了吉利、钱江、海正、星星、苏泊尔等一批国内外知名企业,具有良好的产业园区基础。园区综合能源服务是电力市场环境下未来台州电网公司的重要商业模式,同时也是台州推动分布式可再生能源消纳、落实省"十百千"工程、推进重点行业园区能效提高与废气治理、打赢蓝天保卫战的重要举措。对此,台州应依托现有各类产业园区,聚焦园区综合能源服务示范项目建设落地,探索适应台州经济、环境特色的综合能源服务商业模式,助力重点产业绿色转型。

参考文献

[1] 周孝信,鲁宗相,刘应梅,等. 中国未来电网的发展模式和关键技术[J]. 中国电机工程学报,2014,34(29):4999-5008.

[2] 姚建国,杨胜春,单茂华. 面向未来互联电网的调度技术支持系统架构思考[J]. 电力系统自动化,2013,37(21):52-59.

[3] 孙玉娇,周勤勇,申洪. 未来中国输电网发展模式的分析与展望[J]. 电网技术,2013,37(7):1929-1935.

[4] 董朝阳,赵俊华,文福拴,等. 从智能电网到能源互联网:基本概念与研究框架[J]. 电力系统自动化,2014,38(15):1-11.

[5] 余晓丹,徐宪东,陈硕翼,等.综合能源系统与能源互联网简述[J]. 电工技术学报,2016,31(1):1-13.

[6] 杨挺,翟峰,赵英杰,等. 泛在电力物联网释义与研究展望[J]. 电力系统自动化,2019,43(13):9-20,53.

[7] 胡学浩. 智能电网——未来电网的发展态势[J]. 电网技术,2009,33(14):1-5.

[8] 谭雪,刘俊,郑宽,等. 新一轮能源革命下中国电网发展趋势和定位分析[J]. 中国电力,2018,51(8):49-55.

[9] 王益民. 全球能源互联网理念及前景展望[J]. 中国电力,2016,49(3):1-5,11.

[10] 荆平,徐桂芝,赵波,等. 面向全球能源互联网的大容量储能技术[J]. 智能电网,2015,3(6):486-492.

[11] 高赐威,张亮. 电动汽车充电对电网影响的综述[J]. 电网技术,2011,35(2):127-131.

[12] 张弛. 高压直流断路器及其关键技术[D]. 浙江大学,2014.

[13] 姚良忠，吴婧，王志冰，等. 未来高压直流电网发展形态分析[J]. 中国电机工程学报，2014，34(34)：6007-6020.

[14] 赵宏伟，吴涛涛. 基于分布式电源的微网技术[J]. 电力系统及其自动化学报，2008(1)：121-128.

[15] 李向阳，喇果彦，向英，等. 大云物移智等新技术在电网应用的研究[J]. 电力信息与通信技术，2019，17(1)：89-93.

[16] 丁明，王伟胜，王秀丽，等. 大规模光伏发电对电力系统影响综述[J]. 中国电机工程学报，2014，34(1)：1-14.

[17] 孙元章，吴俊，李国杰. 风力发电对电力系统的影响(英文)[J]. 电网技术，2007(20)：55-62.

[18] 任洛卿，白泽洋，于昌海，等. 风光储联合发电系统有功控制策略研究及工程应用[J]. 电力系统自动化，2014，38(7)：105-111.

[19] 王益民. 坚强智能电网技术标准体系研究框架[J]. 电力系统自动化，2010，34(22)：1-6.

[20] 王毅，陈启鑫，张宁，等. 5G通信与泛在电力物联网的融合：应用分析与研究展望[J]. 电网技术，2019，43(5)：1575-1585.

[21] 陈娟，黄元生，鲁斌. 区域能源互联网"站—网"布局优化研究[J]. 中国电机工程学报，2018，38(3)：675-684.

[22] 龚钢军，高爽，陆俊，等. 地市级区域能源互联网安全可信防护体系研究[J]. 中国电机工程学报，2018，38(10)：2861-2873，3137.

[23] 郭创新，王惠如，张伊宁，等. 面向区域能源互联网的"源—网—荷"协同规划综述[J]. 电网技术，2019，43(9)：3071-3080.

[24] 戚艳，刘敦楠，徐尔丰，等. 面向园区能源互联网的综合能源服务关键问题及展望[J]. 电力建设，2019，40(1)：123-132.

8 台州未来电网发展评价体系

当前能源获取方式以及功能手段正不断地发生变化,新能源、分布式发电、储能、用户微网、充电桩等新型能源生产方式和消费模式不断涌现,能源行业逐步向绿色、低碳、高效和能源互联的方向发展。为了加强电能对煤、石油等化石能源的替代,促进台州的清洁能源消纳和能源转型,台州未来电网的发展既要适应水能、风能、太阳能发电等大规模可再生能源电力以及清洁煤电、核电等集中发电基地的电力输送、优化和间歇性功率相互补偿的需要,也要适应对分布式能源电力开放、促进微网发展、提高终端能源利用效率的需求。故从这些方面入手,在前文台州未来电网形态特征、发展模式、演化路径、技术体系研究的基础上,分析能源转型背景下台州未来电网的主要特征,进而构建能源转型下台州未来电网发展的评价体系,能直观地展现电网的发展态势,帮助规划人员以及相关从业者更直观地了解当前电网的发展规划情况,以及时总结经验并作出调整。

基于国网公司"电网高质量发展,世界一流能源互联网企业建设"的建设目标、大云物移智技术的发展以及台州电力系统与经济、环境需求的结合,与前文未来电网形态特征相联系,总结提炼台州未来电网的形态特征与关键要素,主要包括:

1)广泛互联:以电网为能源转换枢纽和基础平台,广泛连接各类能源基地、分布式电源和负荷中心,形成多种能源间、生产侧与消费侧之间的互联互通,承接区域清洁能源配置。此维度的发展方向主要为可再生能源资源(品种和潜力)的充分利用,以及在电网各个层级的广泛接入,可设定4个重要指标:广泛、互联、绿色、低碳。

2)智能互动:基于电力数据分析、智能传感技术,打造物理信息融合的电力物联网,实现能源智能化和精益化管控,通过储能、电动汽车以及需求侧响应技术,实现能源生产侧与消费侧的动态平衡。此维度的发展方向主要为通过互联网的数字化和智能化技术,提升系统效率,提高生产与消费的动态平衡能力,可设定两个重要指标:智能、互动。

3)灵活柔性:源—网—荷—储协调发展、配电网灵活自愈,电力系统协调发展,智能化水平提高,系统效率得到提升。此维度的发展方向主要为采用智能装备提升网架的灵活性,可设定三个重要指标:灵活、协调、高效。

4)安全可控:依赖能源物联系统、全域灵活调度、自动控制等手段打造本质安全电网。同时,供电服务从基本服务向客户定制服务拓展,单一供电服务向综合能源服务发展。此维度的发展方向主要为系统的安全性以及能源服务水平,可设定三个重要指标:安全、可靠、优质。

5)开放共享:依托共享数据平台和人工智能技术,充分整合互联网企业等资源,构建开放、融合、协同、共享的可再生能源开发利用合作模式。此维度的发展方向主要为拓展合作的深度和广度,加大共享的各类资源占比,可设定两个重要指标:开放、共享。

以上选取的台州未来电网发展评估的关键指标均为宏观定性指标,故需结合电力系统的实际情况,科学合理地设计、细化上述宏观定性指标,设定定量指标,与演化路径的三个阶段相关联,从而构建台州未来电网发展的评估指标体系。

8.1　评估指标分类及选取原则

8.1.1　指标属性的分类

指标是评估对象的属性,不同的指标反映了评估对象不同方面的特征信息。台州未来电网是一个包含内容众多的复杂集合,涉及的指标数目众多,类型也不尽相同。通过对不同类型的指标属性进行归类整理,可以更加正确地认识各类指标,有利于计算和评估的准确性。根据不同分类标准,评价指标主要分为以下几类[1](图8-1)。

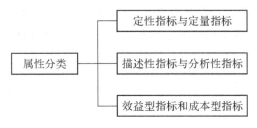

图 8-1　指标属性分类

（1）定性指标与定量指标

定性指标即主观指标，是指不能直接量化而需通过其他途径实现量化的评估指标，主要用于反映评估者对评估对象的意见和满意度。定量指标即客观指标，是指能够准确进行数量定义、精确衡量的指标，其具有确定的数量属性，原始数据真实完整，不同对象之间具有明确的可比性，主观随意性较定性指标低。评价过程中一般需要将定量指标的数据转化为同一量纲，以降低各指标对综合处理结果带来的影响。

（2）描述性指标和分析性指标

描述性指标通过汇集描述运行状况和趋势的基本数据，反映系统运行的实际情况和基本状态。分析性指标主要用于反映各评估对象因子之间的内在联系，洞察和把握系统运行及发展的状态和趋势。

（3）效益型指标和成本型指标

效益型指标和成本型指标以指标对系统属性的影响作为区分标准。若指标数值越大，越利于评价对象的发展，评价对象的状态越好，即为效益型指标；反之则为成本型指标。

8.1.2　指标提取原则

指标体系构建的最终目标是建立一个以指标为元素的指标集合，也就是台州未来电网发展指标体系，用其来描述未来电网的发展状态与发展趋势。一方面，所选取的指标应该能够涵盖未来电网的主要因素，使最终的结果能够反映真实电网的发展状况；另一方面，指标的数量越多，范围越宽，确定指标的优先顺序就越难，处理和计算建模的过程就越复杂，扭曲系统本质特性的可能性就越大。指标体系建立的准确程度和科学合理性会直接影响其评价质量,所构建的评价指标体系应准确、全面、有效地反映未来电网发展的态势[2]。因此,在提取指标时必须遵循一定的原则[3](图8-2)。

图 8-2　指标提取原则

（1）科学性原则

指标的选取必须以科学理论为指导,指标的概念必须明确,且具有一定的科学内涵,能够度量和反映网络动态的变化特征。各指标的代表性、计算方法、数据收集、指标范围、权重选择等都必须有科学依据;而且应当以系统内部要素及其本质联系为依据,综合运用定性和定量的方式,正确反映未来电网发展的整体状况和存在的问题。

（2）完备性原则

影响电网发展的因素众多,受到各种条件制约,因此指标的选取必须遵循完备性原则,尽可能全面地考虑能衡量电网发展的要素,使其能完整、有效地反映未来电网发展的本质特性和整体性能。

（3）独立性原则

指标往往具有一定程度的相关性,指标之间存在信息上的重叠,提取指标时应尽可能选择那些独立性强的指标,减少指标之间的各种关联,将未来电网发展用几个相对独立的特征描述出来并用相应指标分别计算和评估,保证指标能从不同方面反映未来电网的实际发展情况。

（4）主成分性原则

在设置指标时,应尽量选择那些代表性强的综合指标,也就是主成分含量高的"大指标",这类指标的数值变化能较为宏观地反映实际变化。

(5)可操作性原则

指标提取要符合实际工作的需要,应当易于操作和测评,所有指标的支撑数据应便于收集,指标体系的数据来源要可控、可信、可靠和准确,对于难以测量和收集的数据,应当进行估算并寻找替代指标。

(6)可配置性原则

选取的指标要结合台州未来电网发展的实际,具有可操作性,对指标体系可以随时进行配置,不断实现自我修正与自我完善,从而实现灵活扩展。

(7)可比性和敏感性原则

提取的指标应当能够实现不同时刻数据的直接比较,并能够及时刻画未来电网发展中所发生的变化。

8.2 评估指标体系

通过分析影响电网建设的效果类指标,进而得到能够直观反映电网建设的具体内容和重点的主要特性类指标[4]。本节内容根据上一节的指标选取原则及前文所述未来电网的形态特征等研究,对未来电网评估指标体系进行构建,结果如图 8-3 所示。

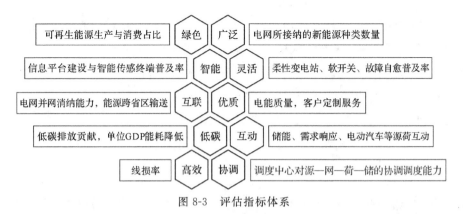

图 8-3 评估指标体系

（1）绿色。绿色电网是一种资源节约、生态环保、标准规范、技术先进、经济高效的新型电网模式。结合浙江省新能源与电动汽车相关政策、台州市发展情况及其特色，绿色的评价方式可以采用电动汽车保有量、保有率以及可再生能源生产与消费占比来表示：

$$L_{\text{保有率}} = \frac{\text{电动汽车保有量}}{\text{汽车总保有量}} \times 100\%$$

$$L_{\text{生产占比}} = \frac{\text{可再生能源生产量}}{\text{能源总生产量}} \times 100\%$$

$$L_{\text{消费占比}} = \frac{\text{可再生能源消费量}}{\text{能源总消费量}} \times 100\%$$

（2）广泛。使用电网所接纳的新能源种类数量来量化。

（3）智能。智能是衡量电网现代化、科技化的一个重要标准，可用智能电表占比以及智能信息平台普及率来表示：

$$Z_{\text{智能电表率}} = \frac{\text{投运智能电表总量}}{\text{电表总量}} \times 100\%$$

$$Z_{\text{平台普及率}} = \frac{\text{投运智能平台地市变电站数目}}{\text{总变电站数目}} \times 100\%$$

（4）灵活。柔性电站、软开关、故障自愈普及率：

$$H_{\text{柔性电站普及率}} = \frac{\text{柔性电站总量}}{\text{电站总量}} \times 100\%$$

$$H_{\text{软开关普及率}} = \frac{\text{软开关总量}}{\text{开关总量}} \times 100\%$$

（5）互联。指电网并网消纳能力，跨区输电通道容量，清洁的风电、光伏发电等能源资源需要跨省区输送的容量（单位：kW）。

（6）优质。电能质量、客户定制服务包括以下几项：

1）系统平均停电率（System Average Interruption Frequency Index，SAIFI）：

$$R_{\text{SAIFI}} = \frac{\sum \lambda_i N_i}{\sum N_i}$$

式中，λ_i 表示标号为 i 的负荷点的平均故障率，N_i 表示负荷点 i 的接入用户总数，即系统平均停电率反映的是系统内所有用户故障率的平均水平。

2）系统平均停电持续时间（System Average Interruption Duration Index，SAIDI）：

$$R_{\text{SAIDI}} = \frac{\sum U_i N_i}{\sum N_i}$$

式中，U_i 表示标号为 i 的负荷点的平均停电持续时间，N_i 表示负荷点 i 的接入用户总数，即系统平均停电时间反映的是系统内任一用户的平均故障持续时间。

3）系统平均供电可用率（Average Service Availability Index，ASAI）：

$$R_{\text{ASAI}} = 1 - \frac{\sum U_i N_i}{8760 \times \sum N_i}$$

式中，8760 为一年的总小时数，即系统平均供电可用率反映的是系统在一年的各日中保持正常运行无故障的概率。

4）系统平均供电不可用率（Average Service Unavailability Index，ASUI）：

$$R_{\text{ASUI}} = 1 - R_{\text{ASAI}}$$

R_{ASUI} 和 R_{ASAI} 之和为 1，R_{ASUI} 反映的是系统在一年内各日中保持可能出现故障的概率。

5）用户平均停电频率指标（Customer Average Interruption Frequency Index，CAIFI）：

$$\text{CAIFI} = \text{用户停电次数}/\text{受停电影响的用户总数}$$

6）电量不足期望值（Expected Energy Not Supplied，EENS）：

EENS 是指在研究的一段时间内（一年），由于系统随机故障引起负荷停电所造成负荷损失的电量期望值：

$$\begin{aligned}
\text{EENS} &= 8760 \times \sum_{F_i \in F} \left[P_{\text{rob}}(F_i) \times L(F_i) \right] \\
&= \sum_{F_i \in F} \left[f_{\text{req}}(F_i) \times D(F_i) \times L(F_i) \right]
\end{aligned}$$

式中，F 为导致停电的失效事件集；$P_{\text{rob}}(F_i)$、$f_{\text{req}}(F_i)$ 分别为失效事件 F_i 发生的概率和频率；$D(F_i)$ 为失效事件 F_i 的持续时间；$L(F_i)$ 为事件 F_i 发生时为使系统恢复正常运行状态而需削诚的负荷总量。

(7)低碳。包括低碳排放贡献、单位 GDP 能耗量、单位电量排放量、平均煤耗率：

$$C_{碳排放比} = \frac{全年碳排放总量}{全年\,GDP} \times 100\%$$

$$C_{平均煤耗率} = \frac{煤耗总量}{发电总量} \times 100\%$$

$$C_{单位电量排放量} = \frac{\sum M_i}{发电总量} \times 100\%$$

式中，M_i 为污染物排放量，该指标反映了单位电量生产所排放的 CO_2、SO_2、NO_x 等污染物。

(8)互动。包括储能及可中断负荷参与调峰调频的能力、终端用户参与需求侧响应的能力、电动汽车与电网间的互动、电动汽车普及率、电动汽车充电需求量。

(9)高效。包括线损率、单位资产供电能力、单位资产所供负荷、净现值、内部收益率。

1)线损率

一般情况下，在配电网中各个元件因材料等原因产生的一定数量的电能损耗称为线路损耗，简称线损。其公式为：

$$\Delta P = \frac{P'}{P} \times 100\%$$

式中，ΔP 为线损率，P' 为配电网送电过程中的理论损失电能，包括变压器的损耗电能、架空及电缆线路的导线损耗电能，电容器、电抗器、调相机中的有功损耗电能，电流互感器、电压互感器、电能表、测量仪表、保护及远动装置的损耗电能，电晕损耗电能，绝缘子的漏损耗电能，变电站的厂用电能及电导损耗；P 为原始供电量，包括厂供电量、输入电能和购入电能。

2)单位资产供电能力

这一指标反映的是从系统方面来看配电网单位投资所能生产的供电能力水平的高低，其表达式为：

$$S_u = \frac{S}{M}$$

式中，S 代表电网供电能力，M 代表电网总资产。

3）单位资产所供负荷

该指标反映的是电网单位投资下单位资产所能承担的负荷能力，其表达式为：

$$P_u = \frac{P}{M}$$

式中，P 代表电网中的负荷水平，M 代表电网总资产。

4）净现值（Net Present Value，NPV）

全部投资净现法是目前对项目进行经济性评价较为普遍的方法之一，它是反映项目盈利能力的最重要指标，而这一方法的主要参考指标就是项目的净现值。净现值是指在一定期间内，在考虑折现率的情况下，各年的净现金流量现值之和，其表达式为

$$NPV = \sum_{t=1}^{n} (CI - CO)_t (1+i)^{-t}$$

式中，n 为项目计算期。当 NPV＞0 时，说明项目的净利润在除去经过折现率计算的利息后还有富余，从资产财务考虑，项目可实施。

5）内部收益率（Internal Rate of Return，IRR）

内部收益率法（IRR 法）是指项目投资实际期望取得的报酬率，且该报酬率恰好使投资项目的 NPV＝0，即在项目周期内，对项目的投资一直都未收回，直至项目结束时，投资恰好全部收回，故内部收益率法也叫作内含报酬率。IRR 法实质上可以求出项目贷款利率的最大额度，其计算公式为：

$$NPV = \sum_{t=1}^{n} (CI - CO)_t (1 + IRR)^{-t} = 0$$

式中，n 为项目计算期。若求出的内部收益率大于国家规定的基准收益率，则该项目的盈利超过国家规定的最低标准，项目可行；否则不可行。

（10）协调。电网调度中心对"源—网—荷—储"的协调调度能力。

台州未来电网演化的"雏形期"、"蜕变期"、"智融期"三个阶段中，每个阶段的发展均有不同的侧重方向，因此，可以将指标体系中的内容与三个发展阶段相对应，从而更贴切地进行未来电网发展状况的评价。

"雏形期"主要是未来电网发展中能源转型的初期阶段。在该演化阶段，电网建设的主要内容是新能源替代，表现为新能源发电逐步替代传统化石能源发电，新能源装机总量不断上升，新能源发电占比不断提高。因此，

该阶段电网的建设与发展主要侧重于绿色、广泛、低碳。

"蜕变期"是未来电网发展中能源转型的巩固阶段以及电力体制改革逐步深化阶段。该演化阶段电网建设的主要目标是实现高比例新能源的渗透,可再生能源消纳能力的提升,完善的市场化交易机制、相对独立的电力交易机构、公平规范的市场交易平台的构建。因此,该阶段电网的发展主要侧重于绿色、广泛、互联、优质、低碳、互动以及协调。

"智融期"是未来电网演化的最后一个阶段,是能源转型的成熟阶段、电力体制改革的优化阶段以及关键技术发展与应用的快速期。其目标是实现可再生能源占比超过70%,形成开放、竞争的电力市场体系以及完整的技术体系,保障电能灵活、智能、高效地传输,建成世界一流的能源互联网。因此,该阶段电网发展主要侧重于实现绿色、智能、灵活、优质、互动、高效以及协调。

可以发现,各个阶段未来电网建设的侧重点存在一定的差异,因此进行指标赋权与综合时需要考虑该问题,以保障指标体系的科学、合理性,使其能更加直观地反映出未来电网发展过程中存在的问题,以帮助规划人员作出合理、准确调整。

8.3 评估指标的赋权技术及评估技术

8.3.1 评估指标的赋权技术

系统科学理论提出,任何客观的事务都是系统与要素的统一体。系统中各要素之间既是相互独立的,又是相互联系的,从而具有层次结构。综合评估是在单项指标评估的基础上进行的,从整体的角度对评估对象进行分解,全面了解评估系统,科学、有效地鉴定出系统要素中的关键因素,使决策更加全面、合理。指标权重的确定是综合评价最重要的一步,指标权重值反映了不同指标在上一层级指标计算中所占百分比,刻画了各个指标间的相对重要程度。指标权重结果直接影响综合评价结果并关系到综合指标结果的可信程度。

权重的确定方法主要分为主观赋权法、客观赋权法和组合赋权法三大类。常用的主观赋权法有层次分析法（Analytic Hierarchy Process，AHP)[5]、专家打分法[6]和 G1 法[7]；常用的客观赋权法有熵权法[8]、犹豫模糊决策法[9]、双线性激励控制线法[10]、CRITIC（Criteria Importance Though Intercrieria Correlation)法；组合赋权法[11]常常是将主观赋权法和客观赋权法进行组合相加得到最终的各项指标权重。

（1）主观赋权法

主观赋权法中应用最为广泛的便是层次分析法（图 8-4)，层次分析法是一种定性分析与定量计算相结合的系统评价分析方法。用层次分析法作决策分析，首先要把问题层次化，根据问题的性质和要达到的总目标，将问题分解为不同维度的指标，并按照指标间的相互影响以及隶属关系将指标按不同层次聚集组合，形成一个多层次的分析结构模型。各种复杂指标对问题的解决有着不同的重要性，需将这些指标之间的关系加以条理化，并排列出不同类型指标相对重要性的次序，从而为决策方案的选择提供依据。

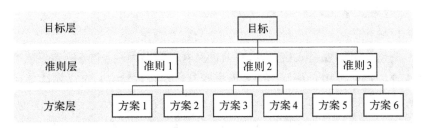

图 8-4　层次分析法结构示意图

采用 $1 \sim 9$ 标度法，将评价判断定量化，形成判断矩阵 $\boldsymbol{A} = [a_{ij}]_{m \times m}$，然后运用列和求逆法确定各指标的权重，即将判断矩阵的各列元素相加，取：

$$c_j = \frac{1}{\sum\limits_{i=1}^{m} a_{ij}} \quad (i,j = 1,2,\cdots,m)$$

将上式归一化，即求得指标的权重

$$w_j = \frac{c_j}{\sum\limits_{k=1}^{m} c_k} \quad (k = 1,2,\cdots,m)$$

检验判断矩阵的一致性

$$\lambda_{\max} = \frac{1}{m}\sum_{i=1}^{m}\frac{\sum_{j=1}^{m}a_{ij}w_j}{w_i}, CI = \frac{\lambda_{\max}-m}{m-1}, R = \frac{CI}{RI}$$

为了保证 AHP 法得到的结论基本合理,必须把判断矩阵的偏差限制在一定范围内,因此要进行一致性检验。为检验判断矩阵是否具有满意一致性,需计算一致性指标 $CI = \dfrac{\lambda_{\max}-m}{m-1}$ 与平均随机一致性指标 RI。当随机一致性比例 $CR < 0.10$ 时,认为判断矩阵具有满意的一致性,即权重的分配是合理的,从而可以得到各级评价指标的权重,构成权向量 $w = (w_1, w_2, \cdots, w_m)(\sum_{i=1}^{m}w_i = 1, w_i \geqslant 0)$。否则需要调整判断矩阵,使之具有满意的一致性。

层次分析法利用两两比较的方法确定相对重要性,根据数学方法挖掘出各指标的绝对重要性,这有利于提高权重选择的合理性;当指标数量不是特别大时,矩阵的求解计算量较小。

(2)客观赋权法

1)熵权法

熵最先由申农引入信息论,目前已经在工程技术、社会经济等领域得到了非常广泛的应用。熵权法的基本思路是根据指标变异性的大小来确定客观权重。一般来说,若某个指标的信息熵指标权重确定方法之熵权法越小,表明指标值得变异程度越大,提供的信息量越多,在综合评价中所能起到的作用也越大,其权重也就越大。相反,某个指标的信息熵指标权重确定方法之熵权法越大,表明指标值得变异程度越小,提供的信息量也越少,在综合评价中所起到的作用也越小,其权重也就越小。熵权法赋权步骤如下。

①数据标准化

假设有 n 个待评价对象,m 个用于评价的指标,对象 j 的评价向量为 $x_j = (x_{1j}, x_{2j}, \cdots, x_{mj})^{\mathrm{T}}$。由此可以得到评价矩阵 $X = (x_1, x_2, \cdots, x_n)$,即 $X = [x_{ij}]_{m \times n}$,其中,$x_{ij}$ 表示第 j 个对象在第 i 个指标上的属性值;$i = 1, 2, \cdots, m$;$j = 1, 2, \cdots, n$。下面给出信息熵和信息熵权的定义及性质。

评价指标通常可以分为效益型和成本型两类。效益型指标值越大越好，成本型指标值越小越好。因此，对评价矩阵做如下标准化处理：

$$r_{ij} = \begin{cases} \dfrac{x_{ij} - \min\limits_{j}(x_{ij})}{\max\limits_{j}(x_{ij}) - \min\limits_{j}(x_{ij})}, & \text{指标 } i \text{ 为效益型指标} \\[4mm] \dfrac{\max\limits_{j}(x_{ij}) - x_{ij}}{\max\limits_{j}(x_{ij}) - \min\limits_{j}(x_{ij})}, & \text{指标 } i \text{ 为成本型指标} \end{cases}$$

式中，$\max\limits_{j}(x_{ij})$ 和 $\min\limits_{j}(x_{ij})$ 分别表示在第 i 个指标上 x_{ij} 的最大值和最小值。

对原始的评价矩阵 $\boldsymbol{X}$ 经过标准化处理后可以得到 $\boldsymbol{R} = [r_{ij}]_{m \times n}$，其中，$r_{ij} \in [0,1]$，表示第 j 个对象在第 i 个指标上的得分；$i = 1,2,\cdots,m$；$j = 1,2,\cdots,n$。

②求各指标的信息熵

在具有 m 个评价指标和 n 个待评价对象的评价模型中，第 i 个评价指标的信息熵定义为：

$$H_i = -\frac{1}{\ln n} \sum_{j=1}^{n} f_{ij} \ln f_{ij}, \quad i = 1,2,\cdots,m$$

式中，$f_{ij} = \dfrac{r_{ij}}{\sum\limits_{j=1}^{n} r_{ij}}$，且当 $f_{ij} = 0$ 时，$f_{ij} \ln f_{ij} = 0$。

③确定各指标权重

根据信息熵的计算公式，计算出各个指标的信息熵后，通过信息熵计算各指标的权重：

$$w_i = \frac{1 - H_i}{\sum\limits_{k=1}^{n} (1 - H_k)}$$

由上式可以看出，$0 \leqslant w_i \leqslant 1$，且 $\sum\limits_{i=1}^{m} w_i = 1$。

2）CRITIC 法

CRITIC 法是一种由 Danae Diakoulaki 提出的客观赋权法，用于确定多指标评估问题中指标的权重。CRITIC 法主要从评估指标的对比强度和评估指标之间的冲突性两个方面来求解各个指标的客观权重。其中，指标的对比强度通过该指标的不同取值（即指标值的差异性）来衡量，而指标之间的冲突性通过不同指标取值的相关性来衡量,可以采用熵权来衡量评估指标的对比强度,而采用肯德尔相关系数(Kendall Coefficient)来衡量评估指标之间的冲突性。

熵常用于量测信息的不确定性或无序状态,对于第 i 个评价指标,其熵的定义为:

$$H_i = -\frac{1}{\ln q}\sum_{k=1}^{q}f_{ik}\ln f_{ik}, i=1,2,\cdots,p$$

$$f_{ik} = \frac{u_{ik}}{\sum_{k=1}^{q}u_{ik}}$$

式中,当 $f_{ik}=0$ 时,认为 $f_{ik}\ln f_{ik}=0$。

第 i 个评价指标的熵权 σ_i 定义为

$$\sigma_i = \frac{1-H_i}{p-\sum_{i=1}^{p}H_i}$$

式中,$0 \leqslant \sigma_i \leqslant 1$ 且 $\sum_{i=1}^{p}\sigma_i = 1$。

从上述定义可以看出,第 i 个评价指标的熵值越小,则该指标的熵权就越大,说明该评价指标内不同线路的指标值差异性越大。

肯德尔相关系数是用于衡量多列等级变量相关程度的一种相关系数。向量 $\boldsymbol{u}_i=(u_{i1},u_{i2},\cdots,u_{iq})$ 和 $\boldsymbol{u}_j=(u_{j1},u_{j2},\cdots,u_{jq})$ 具有 q 个元素,$\boldsymbol{u}_i$ 和 $\boldsymbol{u}_j$ 中对应的第 k 个变量值分别为 u_{ik} 和 $u_{jk}(1 \leqslant k \leqslant q)$。假设 X_{Ri} 和 X_{Rj} 分别为 u_{ik} 和 u_{jk} 在 $\boldsymbol{u}_i$ 和 $\boldsymbol{u}_j$ 中的排序值,将两个向量中对应的排序值变量(X_{Ri},X_{Rj})搭配组成变量对集合 $\boldsymbol{X_R}$,则可以定义指标 i 和指标 j 之间的肯德尔相关系数为:

$$\gamma_{ij} = \frac{N_c-N_d}{\sqrt{\left(A-\sum_{k=1}^{q}\frac{N_k^{Si}(N_k^{Si}-1)}{2}\right)\left(A-\sum_{k=1}^{q}\frac{N_k^{Sj}(N_k^{Sj}-1)}{2}\right)}}$$

式中,A 为常数,其值为 $q(q-1)/2$;N_c 和 N_d 分别表示集合 $\boldsymbol{X_R}$ 的变量对元素(X_{Ri},X_{Rj})中两个变量排序值相等和不相等的变量对数目;N_k^{Si} 表示向量 $\boldsymbol{u}_i$ 中具有相同变量值的个数;N_k^{Sj} 表示向量 $\boldsymbol{u}_j$ 中具有相同变量值的个

数。因此,定义第 i 个指标与所有其他指标的肯德尔相关系数 γ_i 为:

$$\gamma_i = \frac{\sum_{j=1}^{p} \gamma_{ij}}{p}$$

指标 i 的肯德尔相关系数 γ_i 越大,表明该指标与其他指标的等级相关性越大。

综合熵和肯德尔相关系数,采用 CRITIC 法确定指标的客观权重,则第 i 个指标的客观权重可以表示为:

$$w_i = \frac{\sigma_i(1-\gamma_i)}{\sum_{j=1}^{p}[\sigma_j(1-\gamma_i)]}$$

3)主成分分析法

主成分分析是一种用于简化对象模型、提取主要信息、减少变量维度的多元统计分析方法。其设法将原来众多具有一定相关性的指标,重新组合成一组新的互不相关的综合指标来代替原来的指标。通过主成分分析,可以得到各个底层指标相对上层指标的权重。首先用贡献率确定各成分权重,然后用因子载荷确定各指标权重。

将主成分分析用于确定权重时,可以大体上分为计算协方差矩阵、求特征值和特征向量、主成分选择、确定指标在各主成分线性组合中的系数、指标权重的归一化这几个具体步骤。

假设所讨论的问题中,有 n' 个指标,则将这 n' 个指标看作 n' 个随机变量,记为 $X_1, X_2, \cdots, X_n$,代表每一个指标的样本向量。主成分分析即为将 n' 个指标的问题,通过计算分析转变为关于 k 个线性组合指标 $F_1, F_2, \cdots, F_k (k \leqslant p)$ 的问题。

①随机变量 X_i 和 X_j 的相关系数 $\sigma_{X_i X_j}$ 通常定义为:

$$\sigma_{X_i X_j} = \frac{\mathrm{cov}(X_i, X_j)}{\sigma(X_i)\sigma(X_j)}$$

式中,$\mathrm{cov}(X_i, X_j)$ 表示变量 X_i 和 X_j 的协方差;$\sigma(X_i)$、$\sigma(X_j)$ 分别表示变量 X_i 和 X_j 的标准差。n' 个指标 X 的自相关矩阵 $\boldsymbol{R}$ 为:

$$R = \begin{bmatrix} \sigma_{X_1X_1} & \sigma_{X_1X_2} & \cdots & \sigma_{X_1X_{n'}} \\ \sigma_{X_2X_1} & \sigma_{X_2X_2} & \cdots & \sigma_{X_2X_{n'}} \\ \vdots & \vdots & & \vdots \\ \sigma_{X_{n'}X_1} & \sigma_{X_{n'}X_2} & \cdots & \sigma_{X_{n'}X_{n'}} \end{bmatrix}$$

②根据各指标变量的自相关矩阵 R，可以采用 $|\lambda E - R| = 0$ 可以得到特征值 $\lambda_1 \geqslant \lambda_2 \cdots \geqslant \lambda_n \geqslant 0$ 及相应的正交化单位特征向量：

$$a_1 = \begin{pmatrix} a_{11} \\ a_{21} \\ \cdots \\ a_{n'1} \end{pmatrix}, a_2 = \begin{pmatrix} a_{12} \\ a_{22} \\ \cdots \\ a_{n'2} \end{pmatrix}, \cdots, a_{n'} = \begin{pmatrix} a_{1n'} \\ a_{2n'} \\ \cdots \\ a_{n'n'} \end{pmatrix}$$

③因此，可以根据下面两式求得第 i 指标变量的方差贡献率 α_i 以及累计方差贡献率 ρ：

$$\alpha_i = \frac{\lambda_i}{\sum_{j=1}^{n'} \lambda_j}, \rho = \frac{\sum_{i=1}^{k} \lambda_i}{\sum_{j=1}^{n'} \lambda_j}$$

根据实际的需求选取累计方差贡献率的最小值，当累计方差贡献率大于所选取的最小值时，就选定主成分 F_i，主成分的个数取决于累计方差贡献率最小值和累计方差贡献率。

④ X 的第 i 个主成分为 $F_i = a_i X$，则 k 个线性组合指标 $F_1, F_2, \cdots,$ $F_k (k \leqslant p)$ 如下：

$$\begin{cases} F_1 = a_{11}X_1 + a_{12}X_2 + \cdots + a_{1p}X_p \\ F_2 = a_{21}X_1 + a_{22}X_2 + \cdots + a_{2p}X_p \\ \cdots \\ F_p = a_{p1}X_1 + a_{p2}X_2 + \cdots + a_{pp}X_p \end{cases}$$

每一个主成分的组合系数 $a_{n'n'}$ 就是相应特征值 λ_i 所对应的单位特征向量。可以由此计算出各个指标的系数：

$$w_i = \frac{\sum_{j=1}^{k} (a_{ji} \times \alpha_i)}{\rho}$$

对上述指标权重进行归一化有：

$$w_i^* = \frac{w_i}{\sum\limits_{i=1}^{n'} w_i}, i = 1, 2, \cdots, n'$$

(3)组合赋权法

假设 m 种赋权方法中有 v 种主观赋权方法、$m-v$ 种客观赋权方法，第 i 个指标在第 s 种赋权方法下的权重为 γ_{si}。针对不同的评价指标，主客观权重的相对重要程度不同。因此，根据矩估计理论可得第 i 个指标的主、客观权重的期望分别为 $S_1(\gamma_i)$ 和 $S_2(\gamma_i)$：

$$S_1(\gamma_i) = \frac{\sum\limits_{s=1}^{v} \gamma_{si}}{v}, i = 1, 2, \cdots, p$$

$$S_2(\gamma_i) = \frac{\sum\limits_{s=v+1}^{m} \gamma_{si}}{m-v}, i = 1, 2, \cdots, p$$

进而得到第 i 个指标的主、客观加权系数分别为 τ_i 和 ς_i：

$$\tau_i = \frac{S_1(\gamma_i)}{S_1(\gamma_i) + S_2(\gamma_i)}, \varsigma_i = \frac{S_2(\gamma_i)}{S_1(\gamma_i) + S_2(\gamma_i)}$$

以集成权重与主客观权重间的离差平方和最小为目标，则确定第 i 个指标的综合权重 M_i 的最优组合权重模型为：

$$\min F = \sum_{i=1}^{p} \tau_i \sum_{s=1}^{v} (M_i - \gamma_{si})^2 + \sum_{i=1}^{p} \varsigma_i \sum_{s=v+1}^{m} (M_i - \gamma_{si})^2$$

$$\text{s.t.} \quad \sum_{i=1}^{p} M_i = 1, \quad M_i \geqslant 0, i = 1, 2, \cdots, p$$

8.3.2　综合评价技术

(1)TOPSIS法

TOPSIS（Technique for Order Preference by Similarity to Ideal Solution）方法是由 C. L. Hwang 和 K. Yoon 提出的一种理想目标相似性的多属性决策方法，故又称为逼近理想解排序法或理想点法[12]。该方法依

据被评价对象与理想化目标的逼近程度来排序,即通过计算被评价对象与理想解(实际中由所有指标的最优值组成)和反理想解(实际中由所有指标的最差值组成)的距离来排序。理想解一般是设想最好的方案,它所对应的各个属性至少达到各个方案中的最好值;负理想解是假定最坏的方案,其对应的各个属性至少不优于各个方案中的最劣值。方案排队的决策规则,是把实际可行解和理想解与负理想解作比较,若某个可行解最靠近理想解,同时又最远离负理想解,则此解是方案集的满意解。

TOPSIS法采用相对接近测度。设待评价的有 m 个指标,n 个可行解 $\boldsymbol{Z}_i = (Z_{i1}, Z_{i2}, \cdots, Z_{im}) (i = 1, 2, , \cdots n)$,并设该问题的规范化加权目标的理想解是 $\boldsymbol{Z}^+ = (Z_1^+, Z_2^+, \cdots, Z_m^+)$,设 $\boldsymbol{Z}^- = (Z_1^-, Z_2^-, \cdots, Z_m^-)$ 为问题的规范化加权目标的负理想解,其中

$$Z_j^+ = \max_i(Z_{ij}), Z_j^- = \min_i(Z_{ij}), j \in \{1, 2, \cdots, m\}$$

如果用欧几里得范数作为距离的测度,则从任意可行解 Z_i 到 Z^+ 的距离以及 $\boldsymbol{Z}_i$ 到 $\boldsymbol{Z}^-$ 之间的距离为:

$$S_i^+ = \sqrt{\sum_{j=1}^m (Z_{ij} - Z_j^+)^2}, S_i^- = \sqrt{\sum_{j=1}^m (Z_{ij} - Z_j^-)^2}$$

因此,某一可行解对于理想解的相对接近度定义为:

$$C_i = \frac{S_i^-}{S_i^+ + S_i^-}, i \in \{1, 2, \cdots, n\}$$

若 $\boldsymbol{Z}_i$ 是理想解,则相应的 $C_i = 1$;若 $\boldsymbol{Z}_i$ 是负理想解,则相应的 $C_i = 0$。$\boldsymbol{Z}_i$ 愈靠近理想解,C_i 愈接近于1;反之,愈接近负理想解,C_i 愈接近于0。因此,可以对 C_i 进行排队,以求出满意解。

(2)夹角度量法

夹角度量法通过对评价对象的评价矩阵进行加权标准化处理,然后将加权标准化后的评价指标值向量与理想解向量间的夹角进行变换,从而定义一种新的广义理想解贴近度,将贴近度结果对作为对象的评价结果[13]。

采用夹角度量法进行综合评价的基本步骤如下。

1)构造综合评价的归一化决策矩阵：

$$Y = (y_{ik})_{p \times q} = \begin{bmatrix} y_{11} & y_{12} & \cdots & y_{1q} \\ y_{21} & y_{22} & \cdots & y_{2q} \\ \vdots & \vdots & \ddots & \vdots \\ y_{p1} & y_{p2} & \cdots & y_{pq} \end{bmatrix}$$

$$y_{ik} = \frac{r_{ik}}{\sqrt{\sum_{j=1}^{q} r_{ij}^2}}, i = 1, 2, \cdots, p; k = 1, 2, \cdots, q$$

2)构造加权的标准化决策矩阵：

$$Z = (z_{ik})_{p \times q} = \begin{bmatrix} z_{11} & z_{12} & \cdots & z_{1q} \\ z_{21} & z_{22} & \cdots & z_{2q} \\ \vdots & \vdots & \ddots & \vdots \\ z_{p1} & z_{p2} & \cdots & z_{pq} \end{bmatrix}$$

$$z_{ik} = \omega_i y_{ik}, i = 1, 2, \cdots, p; k = 1, 2, \cdots, q$$

式中，第 i 个指标的权重 ω_i 由 CRITIC 法求得。

3)确定理想解 $\boldsymbol{x}^+$ 和负理想解 $\boldsymbol{x}^-$，定义两条理想线路（即理想方案和负理想方案）为

$$\begin{cases} \boldsymbol{x}^+ = (x_1^+, \cdots, x_i^+, \cdots, x_p^+)^T \\ \boldsymbol{x}^- = (x_1^-, \cdots, x_i^-, \cdots, x_p^-)^T \end{cases}$$

式中，

$$\begin{cases} x_i^+ = \max_{k=1}^{q} z_{ik}, i = 1, 2, \cdots p; k = 1, 2, \cdots, q \\ x_i^- = \min_{k=1}^{q} z_{ik}, i = 1, 2, \cdots, p; k = 1, 2, \cdots, q \end{cases}$$

4)计算第 k 个评价对象与理想解向量间的夹角 θ_k^+：

$$\theta_k^+ = \arctan \|\boldsymbol{x}^-\| \cdot \left[\frac{\|\boldsymbol{x}^+ - \boldsymbol{x}^-\|}{(\boldsymbol{z}_k - \boldsymbol{x}^-) \cdot (\boldsymbol{x}^+ - \boldsymbol{x}^-)^T} - 1 \right]$$

式中，$\boldsymbol{z}_k$ 为评价对象 k 对应的加权标准化决策矩阵 Z 的第 k 列向量；$\|\boldsymbol{x}^-\|$ 表示向量 $\boldsymbol{z}_k$ 的模；$\|\boldsymbol{x}^+ - \boldsymbol{x}^-\|$ 表示向量 $\boldsymbol{x}^+$ 和 $\boldsymbol{x}^-$ 的向量差的模。

5）求取评价对象 k 相对于理想解 x^+ 的相对贴近度 W_k：

$$W_k = 1 - \frac{2\theta_k^+}{\pi}, k = 1, 2, \cdots, q$$

W_k 越大，表明评价对象 k 的指标值 z_k 越接近广义理想解 x^+。

6）重复 4）和 5），直到计算出所有评价对象相对于理想解 x^+ 的相对贴近度。

7）根据 W_k 值的大小对评价对象的重要度进行排序。

W_k 越大，则评价对象的指标值 z_k 越好，其为电力系统更为重要的评价对象。若 $W_{k1} = W_{k2}$，则可根据 θ_{k1}^+ 和 θ_{k2}^+ 的大小判断评价对象的优劣，即夹角值更小的评价对象越重要。

（3）雷达图法

确定指标综合权重后，通过计算评价对象的雷达图的特征参数给出其综合评价结果，这样可以形象地反映各评价指标的独立权重和指标间的相互影响。传统雷达图法各指标轴的夹角是等分关系，弱化了指标自身权重的影响[14]，且扇形区域为相邻两个指标共同拥有，难以清晰地划分各项指标在综合评价中权重的不同。基于此，对传统雷达图法进行改进，绘制第 k 个评价对象的雷达图的步骤如下[15]：

1）根据最优组合权重模型求出指标综合权重为 u'_k，指标对应的雷达图的扇形圆心角为 $\theta_k = 2\pi u'_k$。若指标的顺序不同，则圆心角顺序不同，绘制出的多边形形状不同，不便于比较不同评价对象的雷达图。故将各项指标按综合权重从大到小排序为 $u_k = (u_{k1}, u_{k2}, \cdots, u_{k5})$，依据排序后的圆心角 $\theta_k = 2\pi u_k = (\theta_{k1}, \theta_{k2}, \cdots, \theta_{k5})$ 进行绘图。

2）作单位圆，通过圆心 O_k 作射线 $O_k P_{k1}$，与圆交于点 P_{k1}；作射线 $O_k P_{k2}$，使 $\angle P_{k1} O_k P_{k2} = \theta_{k1}$；同理，根据 θ_{ki} 依次绘制射线 $O_k P_{k3}$、$O_k P_{k4}$、$O_k P_{k5}$；依次作扇形区的角平分线。

3）第 k 个评价对象排序后的指标值为 $R_k = (\bar{r}_{k1}', \bar{r}_{k2}', \cdots, \bar{r}_{k5}')$，即为距离圆点的长度，根据长度 R_k 在角平分线上标出相应的点 A_k、B_k、$\cdots$、E_k。

4）依次连接 P_{k1}、A_k、P_{k2}、B_k、$\cdots$、E_k、P_{k1}，得到第 k 个评价对象的综合评价雷达图（图 8-5）。

利用雷达图法对第 k 个评价对象进行综合评价时，封闭多边形总面积

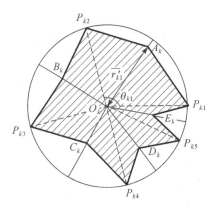

图 8-5 多指标综合评价的雷达图

S_k 越大,说明该评价对象的综合重要性越高;C_k 表示五项评价指标各自所对应的四边形面积的最大值,C_k 越大说明评价对象的单项指标重要性越高。因此,第 k 个评价对象的综合评价结果 Z_k 为:

$$Z_k = \mu S_k + (1 - \mu)C_k$$

$$S_k = \sum_{i=1}^{5} \overline{r}'_{ki} \sin\left(2\pi \cdot \frac{u_{ki}}{2}\right)$$

$$C_k = \max_{i=1}^{5}\left(\overline{r}'_{ki} \sin\left(2\pi \cdot \frac{u_{ki}}{2}\right)\right)$$

式中,μ 为权重系数,其大小取决于决策者对评价对象综合重要性的判定。

参考文献

[1] 杜嘉薇,周颖,郭荣华,等. 网络安全态势感知——提取、理解和预测[M]. 北京:机械工业出版社,2018.

[2] 张国华,张建华,彭谦,段满银.电网安全评价的指标体系与方法[J].电网技术,2009,33(8):30-34.

[3] 戴远航,陈磊,闵勇,等. 电网每日运行评价指标体系研究[J]. 电网技术,2015,39(6):1611-1616.

[4] Alvarez J, Mercado P. Online inference of the dynamic security level of power systems using fuzzy techniques[J]. IEEE Transactions on

Power Systems，2007，22(2)：716-726.

[5] 肖峻,王成山,周敏.基于区间层次分析法的城市电网规划综合评判决策[J].中国电机工程学报,2004(4);54-61.

[6] 王彬,何光宇,梅生伟,等.智能电网评估指标体系的构建方法[J].电力系统自动化,2011,35(23);1-5.

[7] 李军,李继光,姚建刚,等.属性识别和 G1-熵权法在电能质量评价中的应用[J].电网技术,2009,33(14);56-61.

[8] 李娜娜,何正友.主客观权重相结合的电能质量综合评估[J].电网技术,2009,33(6);55-61.

[9] 王涛,岳贤龙,顾雪平,等.基于犹豫模糊决策法的电网脆弱性综合评估[J].电网技术,2017,41(7);2272-2281.

[10] 欧阳森,石怡理,刘洋.基于双激励控制线的区域电网电能质量动态综合评价方法[J].电网技术,2012,36(12);205-210.

[11] 董福贵,张也,尚美美.分布式能源系统多指标综合评价研究[J].中国电机工程学报,2016,36(12);3214-3223.

[12] Liu J，Li D．Corrections to "TOPSIS-based nonlinear-programming methodology for multi-attribute decision making with interval-valued intuitionistic fuzzy sets"[J]．IEEE Transactions on Fuzzy Systems，2018，26(1)：391-391.

[13] 朱凌,林冠强,叶晓君,等.联合采用客观赋权和夹角度量法的电力系统关键线路辨识[J].电力建设,2018,39(3)；49-56.

[14] 李海英,冯冬,宋建成.中压真空断路器状态的雷达图法评估模型[J].电网技术,2013,37(7)；2053-2059.

[15] Zhang B，Liu S，Dong H，et al. Data-driven abnormity assessment for low-voltage power consumption and supplies based on CRITIC and improved radar chart algorithms[J]．IEEE Access，2020，8：27139-27151.

9 未来电网发展建议

能源转型源于世界范围内对解决化石能源大量使用带来的资源紧张、环境污染、气候变化等问题的共识。在持续推进化石能源清洁利用和提高能效的基础上，大力开发利用非化石能源，特别是风电、太阳能发电等新型可再生能源，成为各国的普遍选择。国家高度重视能源转型，国家发改委和国家能源局于 2016 年印发了《可再生能源发展"十三五"规划》和《能源生产和消费革命战略（2016—2030）》这两个文件，提出积极稳妥发展水电、全面协调推进风电开发的要求，鼓励沿海各省（区、市）和主要开发企业建设海上风电示范项目，带动海上风电产业化进程；同时推动太阳能、生物质能、地热能、海洋能等新能源的多元化利用，并加强可再生能源产业国际合作。中共十九大报告则将推进能源生产和消费革命，构建清洁低碳、安全高效的能源体系作为加快生态文明体制改革、建设美丽中国的重点任务。国家能源局、国网公司、浙江省也相继提出"2 个 50%"的战略目标。截至 2019 年 6 月，中国风电装机 1.93 亿千瓦，占总装机容量的 10.5%；光伏装机 1.36 亿千瓦，占总装机容量的 7.4%，提前实现 2020 年的规划目标。可再生能源的跨越式发展，极大优化了中国的能源结构，促进了电力绿色发展水平，呈现出资源节约水平继续提升、污染物排放进一步降低、碳排放强度持续降低的特点，也引发了电力甚至是整个能源行业的深刻变革。

与此同时，在全球新一轮科技和产业革命中，互联网技术与各领域的融合发展表现出了广阔前景和无限潜力，对各国经济社会发展产生着战略性、全局性的影响。近些年来，中国电力行业在互联网技术、产业、应用以及跨界融合方面也取得了积极的进展，总结形成了"互联网＋智慧能源"（即能源互联网）、"互联网＋新能源"等一系列未来电网发展的新形式。能源互联网能够保证分布式可再生电源和电动汽车的大规模接入，实现各类型分布式可再生电源、储能设备以及可控负荷之间的协调优化控制，对未来电力工业体系的形成具有重大的作用。《国务院关于积极推进"互联网＋"行动的指导意见》和《关于推进"互联网＋"智慧能源发展的指导意见》中指出，推进能源生产智能化、建设分布式能源网络、探寻储能与负荷发展新模式、探索能源消费新模式、发展基于电网的通信设施和新兴业务，是未来能源互联网建设的重要发展方向。为了顺应能源转型和数字革命融合发展的趋势，响应十九大"深化国有企业改革，发展混合所有制经济，培育具有全球竞争力的世界一流企业"的号召，国家电网有限公司于 2019 年提出"电网高质量发展，世界一流能源互联网企业建设"的新时代战略目标，将新能源发展、能源产业优化升级、构建智慧能源互联网作为未来电网公司的主要发展布局。

《浙江省能源发展"十三五"规划》则进一步提出推动"互联网＋"智慧能源、可再生能源、分布式能源、先进储能、绿色建筑、绿色交通跨越式发展，切实推动省内能源结构优化和生态环境改善，重点任务包括：①优化能源发展布局，打造可再生能源综合利用基地、沿海核电基地、"互联网＋"智慧能源实验基地、能源综合储运基地、能源科技装备产业基地；②推进能源消费革命，实现终端用能清洁化，提升能效，强化能源需求侧管理；③构建现代能源供应体系，构建网架坚强、分区清晰、过渡顺畅主干电网，城乡统筹、安全可靠、技术先进、经济高效的现代配电网，设备智能、多能协同、开放包容的智能电网，充分利用互联网手段，以市场为导向，以企业为主体，切实挖掘互联网与能源系统、能源市场深度融合带来的经济、环境和社会效益，开展不同类型、不同规模的智能电网试点示范。

台州作为浙江沿海的区域性中心城市和现代化港口城市，地理位置优越，背山面海，望水而生，水能、风能、光能、海洋能等自然资源丰富，海岛旅游业发达，蛇蟠岛、东矶岛、大陈岛和大鹿岛入选浙江海岛大花园建设规划，赋予了台州"山海水城"的美誉。此外，台州也是中国民营经济创新示范区和民营经济创新发展综合配套改革试点城市，拥有"医药产业国家新型工业化产业示范基地"、"中国缝制设备之都"等 50 多个国家级产业基地称号，现有制造业市场主体 12 万户，规模以上企业 3600 多家，培育了吉利、钱江、海正、星星、苏泊尔等一批国内外知名企业。"十三五"以来，台州能源产业结构不断优化，电力系统建设稳步推进，一大批输变电项目可靠落地，保障了地区经济发展所必须的能源供给要求,有效带动了台州城市的经济发展建设。然而,台州当前电网仍然存在一些实际问题需要解决,主要体现为局部500kV电网供电能力不足,主变、断面重载情况严重、网架结构薄弱等。随着能源转型的不断深入和智能电网—互联网的协同发展,台州电网还需进行深刻转变,以呈现广泛互联、智能互动、灵活柔性、安全可控、开放共享的未来电网形态特征。

按照电源结构和电网—互联网的融合发展程度,可将台州未来电网的发展过程分为雏形期、蜕变期和智融期三个阶段。雏形期是台州未来电网发展的第一个阶段,依托大机组、大电网形成规模效益,以特高压交直流输电为主干,各电压等级相互协调,实现大范围的资源优化配置。该阶段台州电网建设的主要任务是实现新能源替代,光能、风能、潮汐能、核能、生物质能等新能源发电将逐步替代传统煤电,新能源发电量与装机容量占比将不断提高。蜕变期是台州未来电网发展的第二个阶段,在雏形期的基础上,实现大规模可再生电源友好接入,将可再生发电渗透率提高至50%,并具备一定比例的负荷侧响应能力;微电网、综合能源站等供能体系得到合理建设,物联网、人工智能等技术逐步融入电力生产各环节,基本具备未来电力系统的形态特征。智融期是台州未来电网发展的成熟阶段。电源结构方面,可再生能源所占比例将超过50%,分布式发电、储能及广泛负荷群体具备响应调控能力;网架结构方面,国家级主干输电网与台州区域电网、微电网协调发展,大容量、低损耗、环境友好的输电方式,如特高压架空输电、超导电缆输电、气体绝缘管道输电等得以全面应用;云大物移智等互联网技术、5G等先进信息通信技术、电力电子技术、新型电力市场理论等将融合形成完整的台州未来电网技术体系,实现系统全方位、全环节的安全、高效、智能、经济运行。

在此背景下,台州应结合自身经济、环境及现有网架特点,以能源转型为导向,以新能源发电为依托,以"大云物移智"等技术为动力,围绕"山海水城、和合圣地、制造之都"的湾区经济发展建设目标,探索并形成适应未来电网高质量发展的"台州模式",加速产业转型升级,助力民营企业、旅游业的良性发展,打造生态宜居城市。具体来看,台州未来电网需要从以下五个方面进行重点突破。

（1）深化能源结构调整，推动可再生能源利用

发展清洁低碳的风能、太阳能、潮汐能等可再生能源发电技术，提高可再生能源渗透率，是我国能源结构调整在电力行业的重要体现，也是未来电网的重要发展方向。台州地处浙江沿海，风、光等自然资源丰富，具有发展分布式可再生能源的先天优势。多年来，台州市政府出台了一系列推动可再生能源发展的支持性政策，积极推广企业、家庭屋顶分布式光伏发电应用，因地制宜推进地面光伏电站建设；在大陈岛、括苍山、温岭东海塘区、玉环等均建有风力发电站，东南沿海的海上风电项目总装机容量达 100 万千瓦，东南部温岭市、玉环市沿海地区以及台州北部山区等区域有总装机 60 万千瓦的陆上风电资源。2018 年年底，台州市政府进一步提出《台州市打赢蓝天保卫战三年行动计划（2018—2020 年）》，将调整能源结构、大力发展清洁能源作为台州大气污染治理的重要举措，要求电力在终端能源消费中的比例提高到 35%，清洁能源消费比例提高到 30%。对此，台州未来应继续保持风、光等可再生能源的良好发展态势，深化能源结构调整，在未来电网转型升级的同时打赢蓝天保卫战，让"台州蓝"成为常态；另一方面，随着电力市场化改革的不断深入，台州也应出台与之相适应的市场化政策，通过经济手段促进可再生发电"余量上网"，并通过价格信号引导分布式储能装置的合理配置，提高系统对可再生能源的消纳能力。

（2）因地制宜，构建坚强、智能的未来电网

未来电网以火电、水电、风电、光伏等共同作为电力来源，台风、雷电、大风、寒潮等灾害性天气可直接影响电网安全稳定运行。台州地处东南沿海，夏季受台风等极端天气的影响较大。2019 年 8 月 10 日，超强台风"利奇马"在浙江台州温岭沿海登陆，使得浙江全省 1808 条输电线路发生停运，272 万余户供电受到影响，造成极大的经济财产损失。随着未来电力系统复杂性的增加以及社会对电能依赖程度的增长，极端自然灾害所引发的停电风险也越来越大，构建坚强、智能的未来电网，增强电网的容灾和抗灾能力，提高供电可靠性，是台州未来城市发展的必然要求。然而，台州近年来不断加大招商引资和城市建设力度，旧城改造和新区建设全面铺开，土地资源愈加稀缺，用电负荷愈发集中，市区变电所在选址、布点上产生了诸多难点，线路路径的落地周期长、难度大，具有很大的不确定性，需要政府在土地

规划和预留的相关政策上予以支持。另一方面,台州未来电网也需着力布局智能电网—互联网的融合协同发展,推动电力物联网建设,依托智能数据采集设备,利用云大物移智等互联网技术和5G等先进通信技术,实现考虑气象信息的可再生能源超短期出力预测、多时空负荷精准预测、源—网—荷—储协调优化控制,保障电力系统的安全、经济、稳定运行。

(3)倡导绿色交通,构建电动汽车智慧调度平台

推进绿色交通建设,优化车船能源消费结构是台州实现大气环境治理的重点举措。作为减少碳排放和减缓噪声污染的有效途径,电动汽车及其配套设施的推广建设已纳入《台州市打赢蓝天保卫战三年行动计划(2018—2020年)》,目标在2020年底建成充电站1000余座,充电桩2.1万个以上;推广新能源汽车,每年新增及更新城市公交车中新能源比例达75%以上;同时推广使用电、天然气等新能源或清洁能源船舶。对未来电网,考虑到电动汽车充电行为的随机性,大量电动汽车接入会给电力系统运行与控制带来显著的不确定性;另一方面,可入网电动汽车也可以作储能装置使用,从而减轻风、光等可再生能源的间歇性对电力系统运行的影响。对此,台州未来需做好电动汽车及其配套充电设施的土地预留、规划建设工作,同时也应基于电力物联网相关技术,依托终端智能数据采集设备,建立分布式电源—电动汽车智慧调度平台,吸引包括充电桩运营商、电动车主、储能用户等多方加入,通过有序引导电动汽车充放电,发挥其在能源生产消费中的枢纽和调节作用。

(4)深化节能改造,推进园区综合能源服务试点建设

园区综合能源服务是指采用天然气、冷热电联供、分布式能源和智能微网等方式,实现多能协同供应和能源梯级利用,从而提高园区能源使用效率,降低企业用能成本的多能供给服务模式。园区综合能源服务是电力市场环境下未来台州电网公司的重要商业模式,同时也是台州推动分布式可再生能源消纳、落实省"十百千"工程、推进重点行业园区能效提高与废气治理、打赢蓝天保卫战的重要举措。对此,台州应依托现有各类产业园区,聚焦园区综合能源服务示范项目建设落地,探索适应台州经济、环境特色的综合能源服务商业模式,助力重点产业绿色转型。

（5）加强人才培养引进，营造良好氛围

台州经济社会的健康发展，需要有长期稳定的人才和项目扎根。在能源转型和大数据背景下，台州未来电网的高质量发展迫切需要电力、能源、互联网等产业的高学历、高层次专业人才，应坚持培养本地人才与引进人才并重，按照相关人才政策给予奖励和政策支持；鼓励地方高等院校和社会培训机构开设相关专业课程、建立实训基地；营造良好的人才干事创业环境，加强科学研究的政策支持力度，鼓励社会机构和企业在台州举办电力系统、新能源、互联网相关会议以及创新创业论坛等活动；突出台州市政府在创新创业平台搭建中的作用，以企业为主体、以用户为中心、以市场为导向，以高质量、高水平项目推动台州未来电网建设，构建台州"政用产学研"系统工程，真正形成人才聚集效应，形成台州人才培养与引进的良性循环，助力台州经济社会的高质量发展。